BIBLIOTECA VISUAL ALTEA

el océano

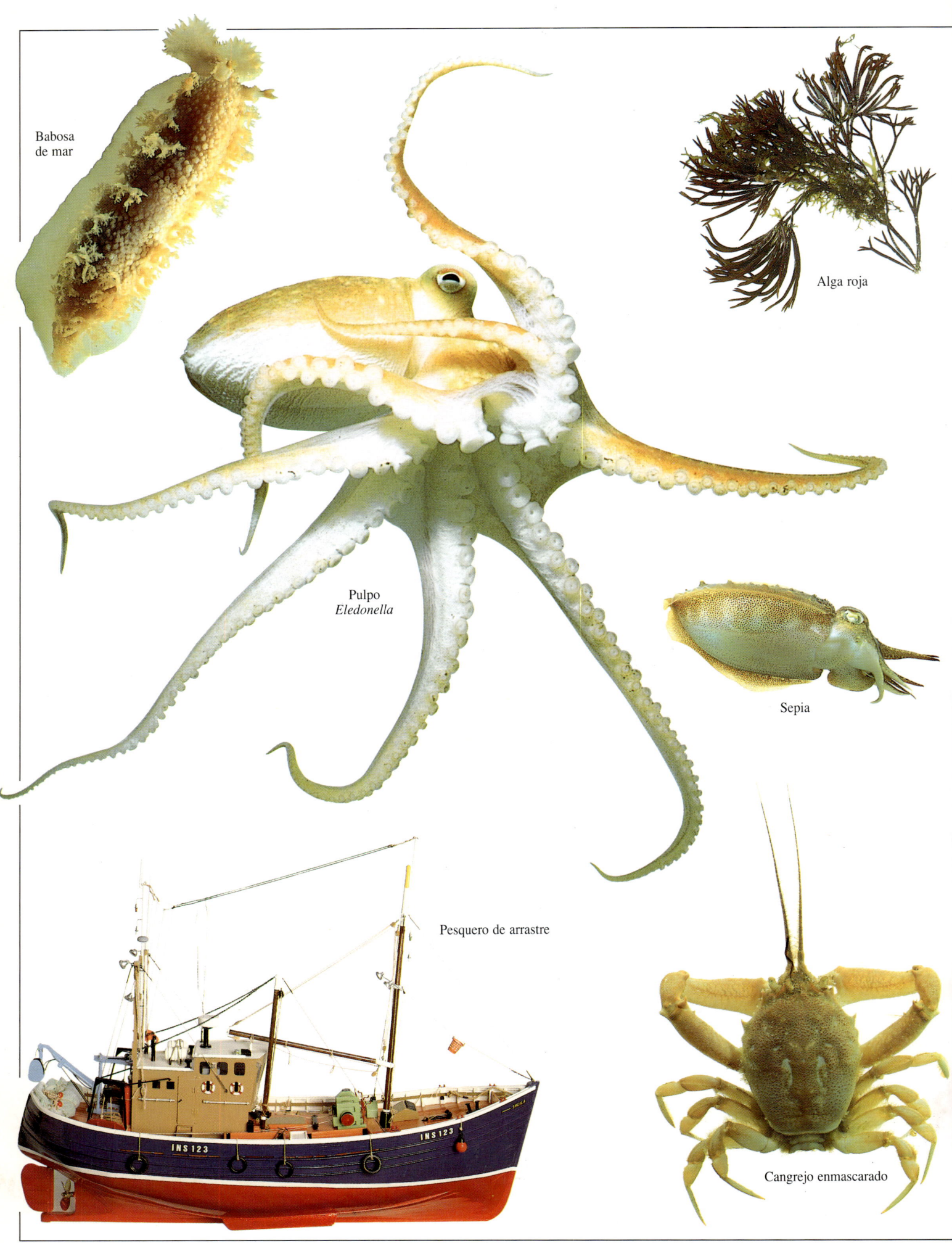

Ochavo

BIBLIOTECA VISUAL ALTEA

Langosta espinosa europea

el océano

Escrito por
Dra. MIRANDA MACQUITTY

Fotografía de
FRANK GREENAWAY

Blenio mariposa

Alga roja maërl

Erizo de mar común

Altea

UN LIBRO DE DORLING KINDERSLEY

Consejo editorial

Londres:
Peter Kindersley, Marion Dent, Jane Tetzlaff,
Gillian Denton, Julia Harris, Céline Carez,
Kathy Lockley, Catherine Semark

París:
Pierre Marchand, Jean-Olivier Héron,
Christine Baker, Anne de Bouchony,
Catherine de Sairigné-Bon

Madrid:
Elena Fernández-Arias Almagro

Traducido por M.ª Teresa González Jaén

Título original: Eyewitness Guide. Volume 62: *Ocean*
Publicado originalmente en 1995 en Gran Bretaña
por Dorling Kindersley Limited, 9 Henrietta street,
London WC2E 8PS,
y en Francia por Éditions Gallimard, 5 rue
Sébastien Bottin. 75341 París

Copyright © 1995 by Dorling Kindersley Limited, Londres,
y Éditions Gallimard, París

© 1996, Santillana, S. A. de la presente edición
en lengua española
Elfo, 32. 28027 Madrid

Aguilar, Altea, Taurus, Alfaguara, S. A.
Beazley, 3860. 1437 Buenos Aires

Aguilar, Altea, Taurus, Alfaguara, S. A. de C. V.
Av. Universidad, 767. Col. Del Valle
México, D.F. C.P. 03100

Editorial Santillana, S. A.
Carrera 13, n.º 63-69, piso 12
Santafé de Bogotá - Colombia

Santillana Publishing Co.
Beacon Center
2043 N.W. 87th Avenue Miami, FL 33172 U.S.A.
ISBN: 84-372-3804-8

Todos los derechos reservados. Esta publicación no puede ser
reproducida, ni en todo ni en parte, ni registrada en,
o transmitida por, un sistema de recuperación de información,
en ninguna forma ni por ningún medio, sea mecánico,
fotoquímico, electrónico, magnético, electroóptico, por
fotocopia o cualquier otro, sin el permiso previo por escrito
de los propietarios del copyright.

Sumario

6
Los océanos del pasado
8
Los océanos actuales
10
La vida en los océanos
12
Las olas y el tiempo
14
Arena y lodo
16
El blando lecho marino
18
Rocas submarinas
20
En las rocas
22
El reino del coral
24
La vida en un arrecife de coral
26
Praderas marinas
28
Depredadores y presas
30
Hogares y escondites
32
Ataque y defensa
34
Propulsión a chorro
36
En movimiento
38
Viajeros del océano

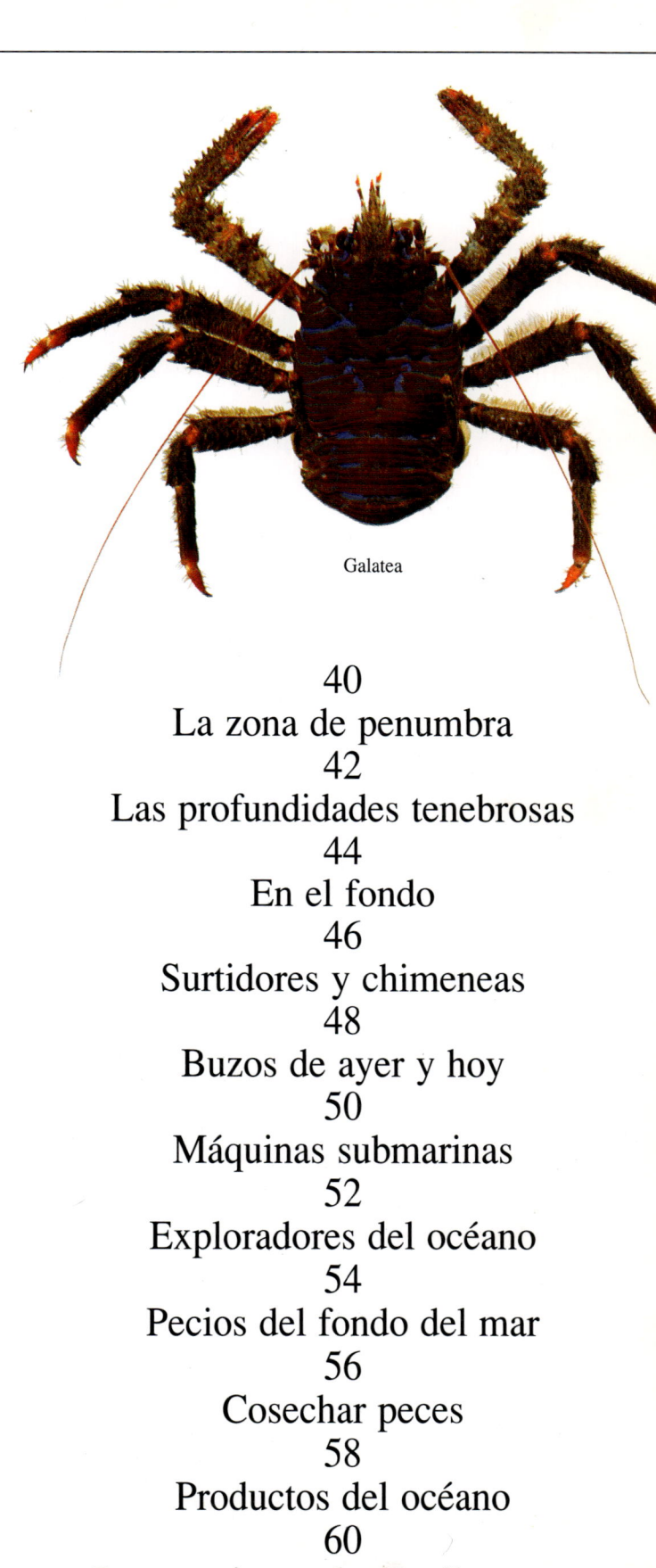
Galatea

40
La zona de penumbra
42
Las profundidades tenebrosas
44
En el fondo
46
Surtidores y chimeneas
48
Buzos de ayer y hoy
50
Máquinas submarinas
52
Exploradores del océano
54
Pecios del fondo del mar
56
Cosechar peces
58
Productos del océano
60
Prospecciones de petróleo y gas
62
Océanos en peligro
64
Índice

Los océanos del pasado

La Tierra, con sus océanos inmensos, no siempre ha tenido el mismo aspecto que ahora. Durante millones de años las masas de tierra se han desplazado por la superficie del planeta al formarse océanos nuevos y desaparecer los antiguos. Los océanos actuales han empezado a formarse en los últimos 200 millones de años del total de 4.500 millones de años que tiene la Tierra. Pero el agua, en forma de vapor, estaba presente en la atmósfera de la Tierra primitiva. A medida que la Tierra se enfriaba, el vapor de agua se condensaba formando nubes tormentosas que dejaban caer la lluvia que llenaría los océanos. Según cambiaban los propios océanos, también cambiaba la vida que contenían. Los organismos simples surgieron en los océanos hace 3.300 millones de años y dieron lugar a formas de vida más y más complejas. Algunas de ellas se extinguieron, mientras que otras sobreviven en la actualidad más o menos inalteradas.

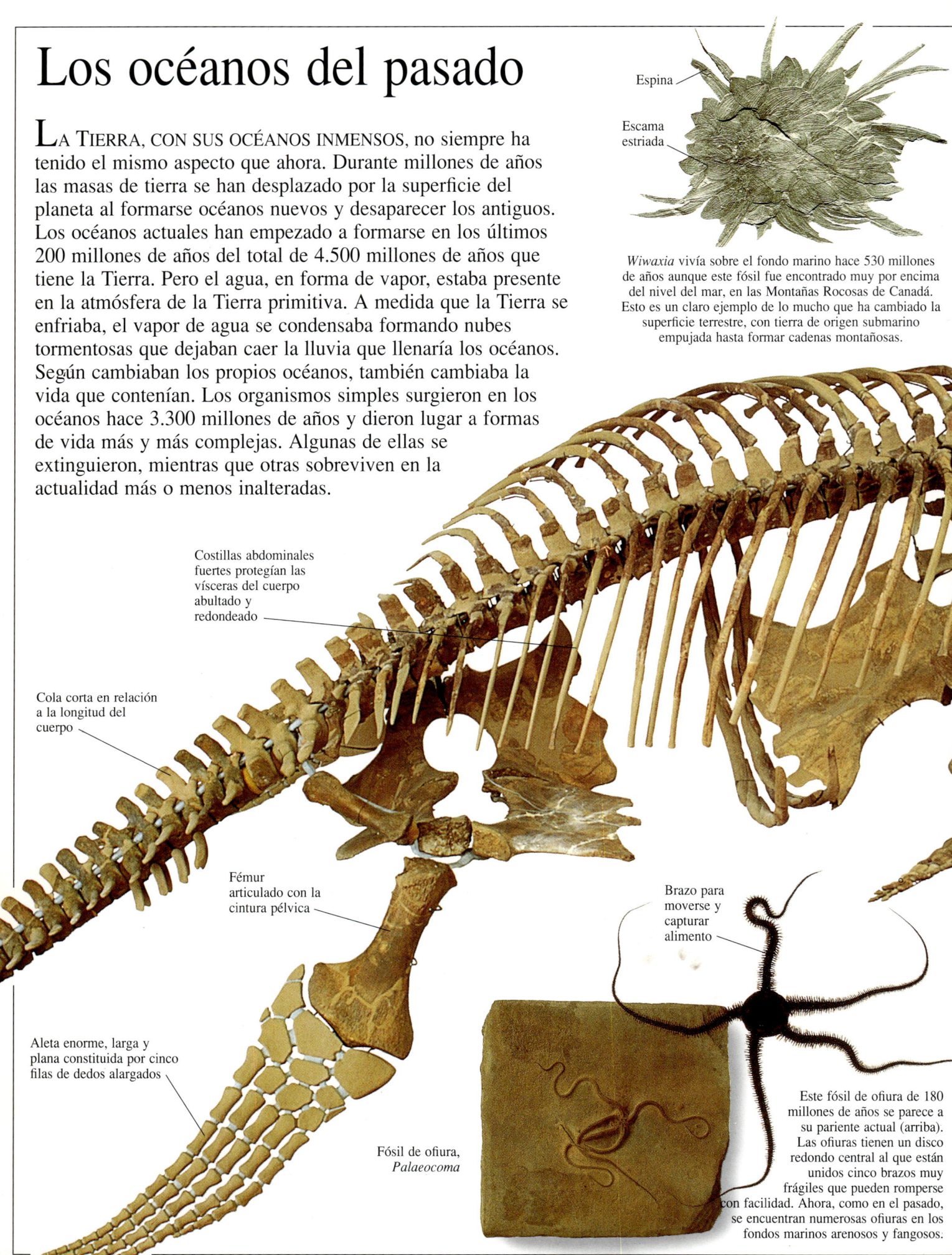

Wiwaxia vivía sobre el fondo marino hace 530 millones de años aunque este fósil fue encontrado muy por encima del nivel del mar, en las Montañas Rocosas de Canadá. Esto es un claro ejemplo de lo mucho que ha cambiado la superficie terrestre, con tierra de origen submarino empujada hasta formar cadenas montañosas.

Este fósil de ofiura de 180 millones de años se parece a su pariente actual (arriba). Las ofiuras tienen un disco redondo central al que están unidos cinco brazos muy frágiles que pueden romperse con facilidad. Ahora, como en el pasado, se encuentran numerosas ofiuras en los fondos marinos arenosos y fangosos.

En comparación con sus parientes de cuerpo blando como las anémonas y las medusas, los corales son animales que se conservan bien como fósiles en las rocas debido a sus esqueletos duros, como este coral fósil de hace 400 millones de años. Cada individuo del coral fabrica un esqueleto adosado al de su vecino para crear cadenas con amplios espacios entre ellas.

Un océano gigante, el Pantalasa, rodeaba al supercontinente Pangea (1), hace entre 290 y 240 millones de años. Al final de este período, muchas clases de seres marinos se extinguieron. Pangea se fragmentó en porciones que se desplazaron una hacia el norte y otra hacia el sur con el mar de Tetis entre ellas.

La parte norte se separó para formar el Atlántico Norte hace 208-146 millones de años (2). Los océanos Atlántico Norte e Índico empezaron a formarse hace 146-65 millones de años (3). Los continentes continuaron su desplazamiento o deriva 1,64 millones de años (4). Los océanos actuales están todavía cambiando su aspecto: el océano Atlántico se ensancha unos pocos centímetros cada año.

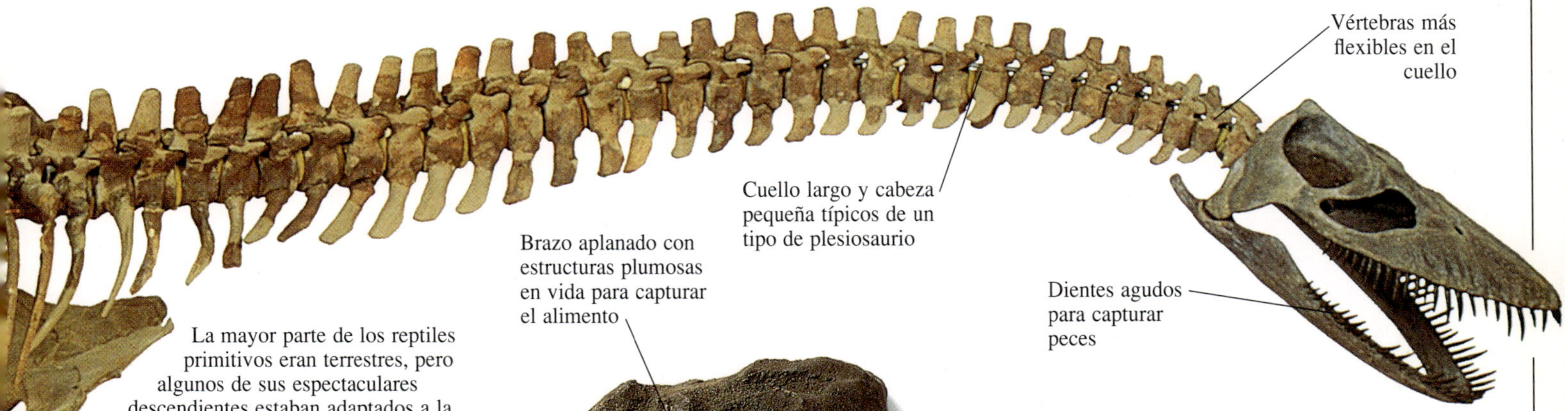

Vértebras más flexibles en el cuello

Cuello largo y cabeza pequeña típicos de un tipo de plesiosaurio

Brazo aplanado con estructuras plumosas en vida para capturar el alimento

Dientes agudos para capturar peces

La mayor parte de los reptiles primitivos eran terrestres, pero algunos de sus espectaculares descendientes estaban adaptados a la vida marina. Entre los más conocidos están los plesiosaurios. Surgieron hace unos 200 millones de años. Los plesiosaurios nadaban usando sus aletas como remos o alas, para «volar» a través del agua como hacen las tortugas actuales.
Desaparecieron hace unos 65 millones de años junto con sus primos terrestres, los dinosaurios. Los únicos reptiles que habitan en los océanos actuales son las tortugas y las serpientes marinas.

Aleta delantera más pequeña, también con cinco dedos alargados

Visión circular gracias a su ojo curvado y grande

Un fósil de lirio de mar (crinoideo) completo es un hallazgo raro a pesar de la enorme abundancia de estos animales en los primitivos fondos marinos. El esqueleto, compuesto por pequeñas placas óseas, se fragmentaba al morir el animal. Aunque son menos numerosos en la actualidad, los lirios de mar viven todavía a profundidades de 100 m. Los lirios marinos son parientes de las estrellas plumosas, pero a diferencia de ellas están normalmente anclados al fondo marino. Sus brazos rodean una boca dirigida hacia arriba y atrapan partículas de alimento que pasan flotando.

El cuerpo segmentado permitía al trilobites enrollarse como una cochinilla

Un tallo largo y flexible anclaba a los crinoideos en los jardines de los fondos marinos

Los trilobites, uno de los seres más abundantes de los mares primitivos, surgieron hace más de 510 millones de años. Tenían extremidades articuladas y un esqueleto externo como los insectos y crustáceos (cangrejos y langostas) pero se extinguieron hace 250 millones de años.

Los océanos actuales

Dragón marino

SUMERGE UN DEDO EN CUALQUIER OCÉANO y estarás unido a todos los océanos del mundo, ya que sus aguas forman una masa continua. Las extensiones más grandes se llaman océanos, mientras que las menores, a menudo rodeadas total o parcialmente de tierra, se llaman mares. Dos tercios de la superficie terrestre están cubiertos de agua marina, lo que constituye hasta un 97 % del total de las aguas del planeta. La temperatura del mar es distinta según las zonas: es más fría en la superficie de las regiones polares que en los trópicos. Generalmente, el agua es más fría cuanto mayor es la profundidad. La salinidad de las aguas varía desde las más saladas como las del mar Rojo próximas al desierto, donde hay una tasa de evaporación alta y poca incorporación de agua dulce, hasta las del mar Báltico, una de las menos saladas, donde hay una abundante incorporación de aguas procedentes de los ríos. Tampoco el fondo marino es igual en todos los lugares. Existen montañas submarinas, mesetas, llanuras y fosos que hacen que los suelos oceánicos sean tan complejos como cualquier formación geológica de tierra firme.

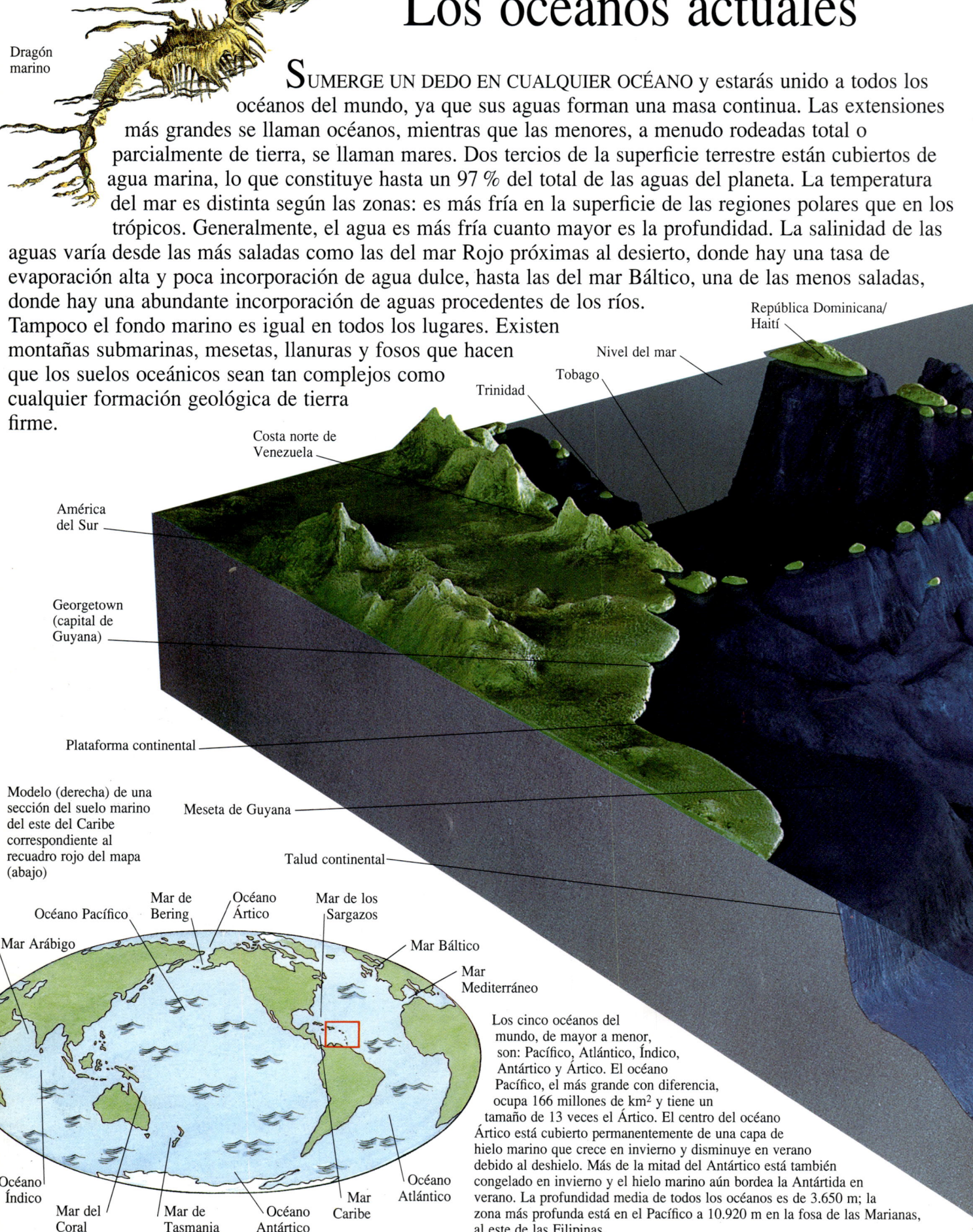

Modelo (derecha) de una sección del suelo marino del este del Caribe correspondiente al recuadro rojo del mapa (abajo)

Los cinco océanos del mundo, de mayor a menor, son: Pacífico, Atlántico, Índico, Antártico y Ártico. El océano Pacífico, el más grande con diferencia, ocupa 166 millones de km² y tiene un tamaño de 13 veces el Ártico. El centro del océano Ártico está cubierto permanentemente de una capa de hielo marino que crece en invierno y disminuye en verano debido al deshielo. Más de la mitad del Antártico está también congelado en invierno y el hielo marino aún bordea la Antártida en verano. La profundidad media de todos los océanos es de 3.650 m; la zona más profunda está en el Pacífico a 10.920 m en la fosa de las Marianas, al este de las Filipinas.

Flotando en el mar Muerto

El agua del mar Muerto es más salada que la de cualquier océano porque el agua que vierte en él se evapora bajo el tórrido sol, dejando las sales. En tales aguas, un cuerpo flota con mayor facilidad. El mar Muerto es un lago, no un mar, ya que está totalmente rodeado de tierra. Los mares verdaderos están siempre comunicados con el océano mediante un canal.

Neptuno, el dios romano del mar, se representa a menudo cabalgando sobre un delfín y llevando un tridente. Se creía que también controlaba las aguas dulces, por ello se le hacían ofrendas en los períodos más secos del año.

Las placas gigantes de la corteza terrestre se mueven como una cinta mecánica. A medida que se forman nuevas zonas en los centros de expansión, las zonas antiguas desaparecen trituradas hacia el interior del planeta. Este diagrama muestra una placa empujada bajo otra (subducción) en la fosa de las Marianas, lo que da lugar a un arco de islas.

Formación de la fosa de las Marianas

- Llanura abisal Hatteras
- Fosa de Puerto Rico
- Llanura abisal de Nares
- Cordillera dorsal atlántica
- Zona de fractura Kane
- Zona de fractura Vema
- Llanura abisal Demerara

Este modelo representa las características del fondo del océano Atlántico próximo a la costa noreste de Suramérica, desde Guyana a Venezuela. Desde esta costa se inicia la plataforma continental, una zona de aguas relativamente someras de unos 200 m de profundidad. Esa plataforma tiene aquí una anchura de 200 km, pero en la costa del norte de Asia es de 1.600 km. En el extremo de la plataforma continental, el fondo desciende abruptamente para formar el talud continental. Los sedimentos erosionados de tierra firme y transportados por los ríos, como el Orinoco, se acumulan al final de este talud. El fondo oceánico se abre entonces en regiones prácticamente llanas (llanuras abisales) cubiertas por una capa profunda de sedimentos blandos. La fosa de Puerto Rico se formó donde una de las placas terrestres (la placa norteamericana) se desliza bajo otra (la placa del Caribe). Un arco de islas volcánicas se ha originado también donde la placa del Caribe empuja sobre la norteamericana. Las zonas de fractura son la compensación de la dorsal atlántica.

La vida en los océanos

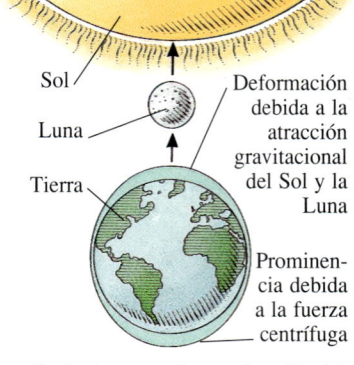

DESDE LA COSTA a las regiones más profundas, los océanos son el hogar de algunos de los seres más diversos del planeta. Los animales viven tanto en el lecho marino como en las zonas medias del agua donde nadan o flotan. Las plantas se hallan sólo en la zona donde hay luz suficiente para que puedan crecer ancladas al fondo o bien flotando en el agua. No todos los animales nadadores permanecen en la misma zona, el cachalote se sumerge hasta 500 m para capturar calamares y regresa a la superficie para respirar. Algunos animales de aguas profundas y frías, como el tiburón de Groenlandia en el Atlántico, también se encuentran en las aguas superficiales de las regiones polares. Más del 90 % de todas las especies habita en el fondo. Una roca puede ser el hogar de diez clases importantes por lo menos, tales como corales, moluscos y esponjas. La mayoría de los animales y plantas oceánicos tienen orígenes marinos, pero otros, como las ballenas y las hierbas marinas, proceden de antepasados terrestres.

Cualquiera que observe la orilla del mar o un estuario notará las mareas. Las mareas están causadas por la atracción gravitacional de la Luna sobre la masa de agua terrestre. Una prominencia parecida ocurre en el lado opuesto a la Luna, debido a la fuerza centrífuga. Cuando la Tierra gira sobre su eje, las mareas altas suceden normalmente dos veces al día en un lugar dado. Las mareas más alta y más baja aparecen cuando el Sol y la Luna están en línea, lo que produce mayor atracción gravitacional. Son las mareas vivas de luna nueva y llena.

Con marea baja pueden encontrarse en la costa estrellas de mar que viven también en aguas más profundas. Los seres de la costa tienen que ser resistentes para soportar la desecación o refugiarse en las charcas rocosas. Los animales y plantas más resistentes viven en la costa, y los menos capaces de soportar el aire, en el fondo.

El océano está dividido en regiones amplias, según la penetración de la luz solar y la temperatura del agua. En la zona iluminada hay abundante luz, mucho movimiento del agua y cambios estacionales en la temperatura. Bajo ella se encuentra la zona de penumbra, la máxima profundidad a la que llega la luz. Las temperaturas disminuyen rápidamente con la profundidad hasta unos 5 °C. Más profunda aún está la zona oscura, donde no hay luz y las temperaturas bajan hasta 1-2 °C. Aun en la oscuridad y a más profundidad se halla la zona abisal y las fosas. También hay regiones en el fondo marino. La zona más somera varía desde la línea de marea baja hasta el borde de la plataforma continental. Por debajo está el talud continental y las llanuras abisales.

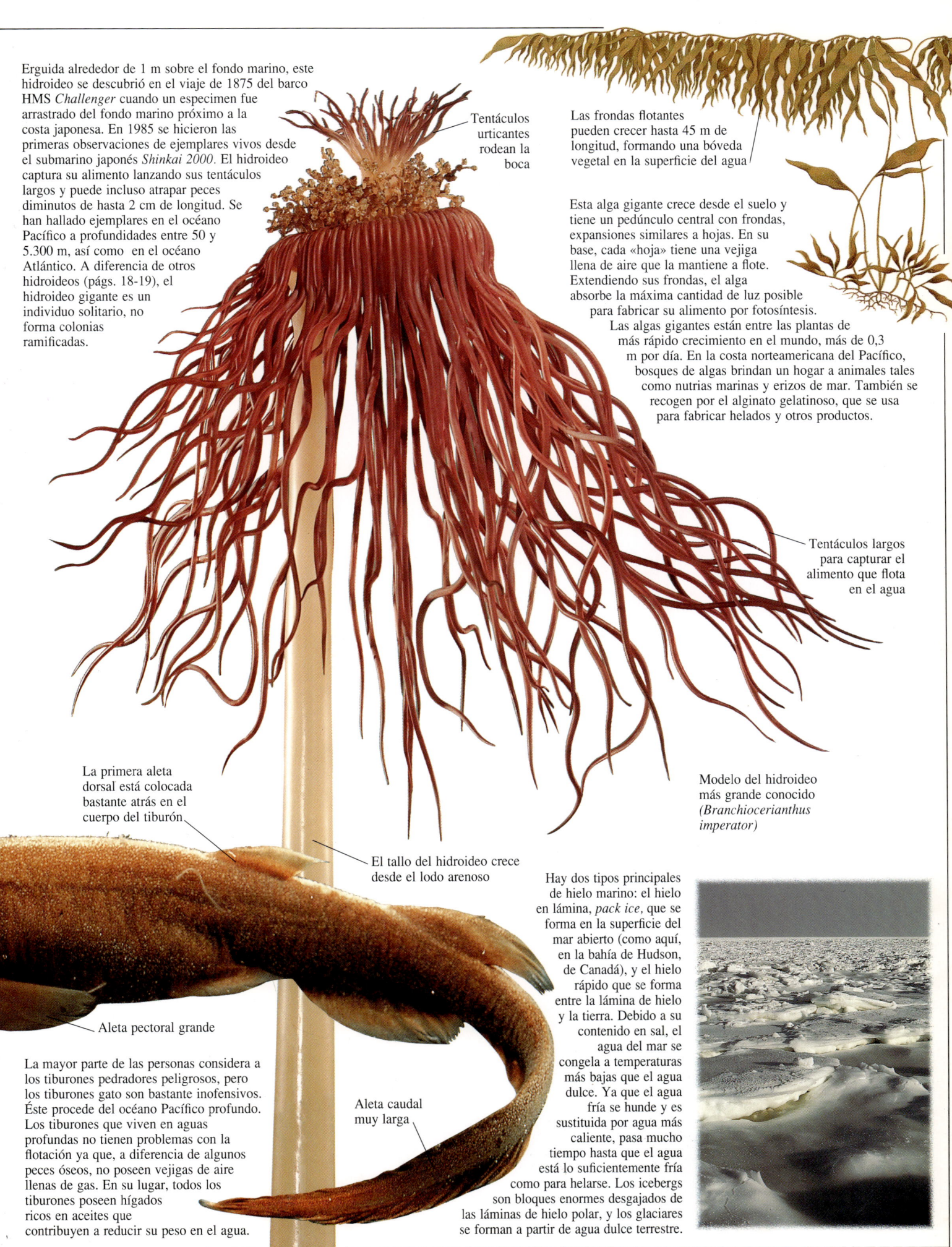

Erguida alrededor de 1 m sobre el fondo marino, este hidroideo se descubrió en el viaje de 1875 del barco HMS *Challenger* cuando un especimen fue arrastrado del fondo marino próximo a la costa japonesa. En 1985 se hicieron las primeras observaciones de ejemplares vivos desde el submarino japonés *Shinkai 2000*. El hidroideo captura su alimento lanzando sus tentáculos largos y puede incluso atrapar peces diminutos de hasta 2 cm de longitud. Se han hallado ejemplares en el océano Pacífico a profundidades entre 50 y 5.300 m, así como en el océano Atlántico. A diferencia de otros hidroideos (págs. 18-19), el hidroideo gigante es un individuo solitario, no forma colonias ramificadas.

Tentáculos urticantes rodean la boca

Las frondas flotantes pueden crecer hasta 45 m de longitud, formando una bóveda vegetal en la superficie del agua

Esta alga gigante crece desde el suelo y tiene un pedúnculo central con frondas, expansiones similares a hojas. En su base, cada «hoja» tiene una vejiga llena de aire que la mantiene a flote. Extendiendo sus frondas, el alga absorbe la máxima cantidad de luz posible para fabricar su alimento por fotosíntesis. Las algas gigantes están entre las plantas de más rápido crecimiento en el mundo, más de 0,3 m por día. En la costa norteamericana del Pacífico, bosques de algas brindan un hogar a animales tales como nutrias marinas y erizos de mar. También se recogen por el alginato gelatinoso, que se usa para fabricar helados y otros productos.

Tentáculos largos para capturar el alimento que flota en el agua

La primera aleta dorsal está colocada bastante atrás en el cuerpo del tiburón

Modelo del hidroideo más grande conocido (*Branchiocerianthus imperator*)

El tallo del hidroideo crece desde el lodo arenoso

Aleta pectoral grande

La mayor parte de las personas considera a los tiburones pedradores peligrosos, pero los tiburones gato son bastante inofensivos. Éste procede del océano Pacífico profundo. Los tiburones que viven en aguas profundas no tienen problemas con la flotación ya que, a diferencia de algunos peces óseos, no poseen vejigas de aire llenas de gas. En su lugar, todos los tiburones poseen hígados ricos en aceites que contribuyen a reducir su peso en el agua.

Aleta caudal muy larga

Hay dos tipos principales de hielo marino: el hielo en lámina, *pack ice,* que se forma en la superficie del mar abierto (como aquí, en la bahía de Hudson, de Canadá), y el hielo rápido que se forma entre la lámina de hielo y la tierra. Debido a su contenido en sal, el agua del mar se congela a temperaturas más bajas que el agua dulce. Ya que el agua fría se hunde y es sustituida por agua más caliente, pasa mucho tiempo hasta que el agua está lo suficientemente fría como para helarse. Los icebergs son bloques enormes desgajados de las láminas de hielo polar, y los glaciares se forman a partir de agua dulce terrestre.

Las olas y el tiempo

EL AGUA DEL MAR ESTÁ SIEMPRE en movimiento. En la superficie, las olas producidas por el viento pueden ser de 15 m. Las principales corrientes superficiales son producidas por los vientos dominantes, incluyendo los alisios que soplan hacia el ecuador. Las corrientes superficiales y las profundas contribuyen a modificar el clima terrestre, llevando agua fría desde las regiones polares hacia los trópicos, y viceversa. En el caso de El Niño (cambio climatológico), el agua templada empieza a fluir hacia el oeste de Suramérica impidiendo que el agua fría rica en nutrientes suba; esto origina una reducción en el plancton y la pesca. El calor de los océanos genera el movimiento del aire, desde los huracanes en remolino hasta las brisas diurnas que soplan a la tierra desde el mar, y las nocturnas, que soplan en sentido contrario. Las brisas se originan porque durante el día el océano se calienta más lentamente que la tierra. El aire frío sobre el agua sopla hacia la tierra, reemplazando al aire caliente que hay sobre ella.

Los remolinos de agua (espuma que al girar es absorbida de la superficie del mar) se inician cuando el remolino de aire baja de una nube tormentosa al océano.

Día 2: Tormentas y masas de nubes en rotación

Las corrientes son masas enormes de agua que se mueven a través de los océanos. El curso que siguen las corrientes no es precisamente el mismo que siguen los vientos alisios y los occidentales, debido a que las corrientes son desviadas por la tierra firme y por la fuerza de Coriolis producida por la rotación de la Tierra. Esta última hace que las corrientes se desvíen hacia la derecha en el hemisferio norte y hacia la izquierda en el sur. También hay corrientes que fluyen a causa de diferencias en la densidad del agua marina.

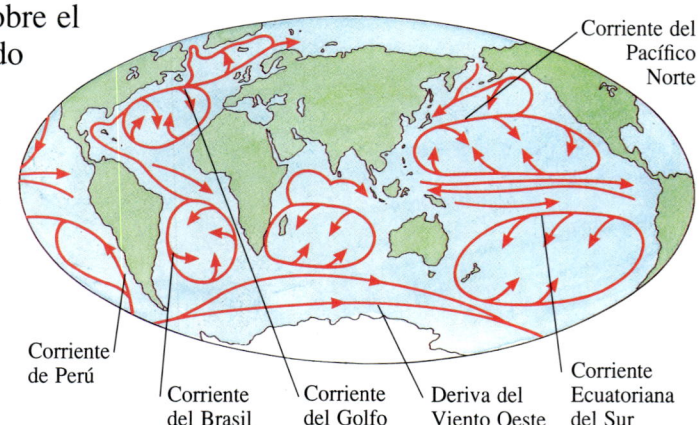

Corriente del Pacífico Norte

Corriente de Perú

Corriente del Brasil

Corriente del Golfo

Deriva del Viento Oeste

Corriente Ecuatoriana del Sur

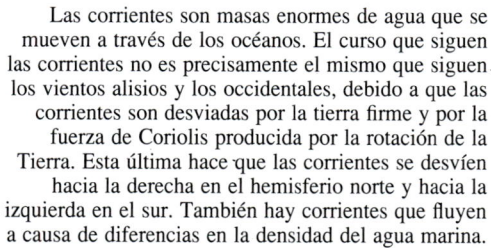

Día 4: Los vientos han aumentado en intensidad

Día 7: Vientos fuertes

Estas fotografías de satélite muestran el desarrollo de un huracán. En el 2.º día se forma una masa nubosa en rotación. En el día 4.º se originan vientos fuertes en torno al centro. Sobre el día 7.º, los vientos son los más fuertes.

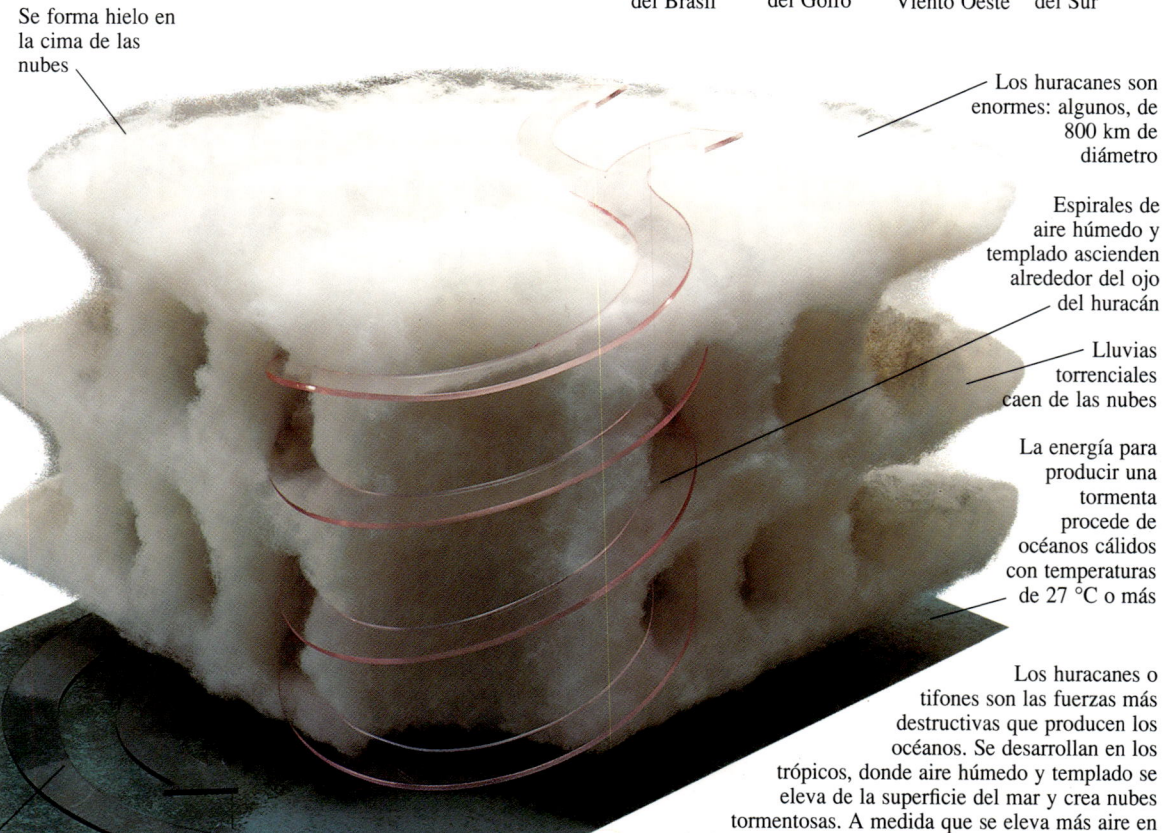

Se forma hielo en la cima de las nubes

Los huracanes son enormes: algunos, de 800 km de diámetro

Espirales de aire húmedo y templado ascienden alrededor del ojo del huracán

Lluvias torrenciales caen de las nubes

La energía para producir una tormenta procede de océanos cálidos con temperaturas de 27 °C o más

Los huracanes o tifones son las fuerzas más destructivas que producen los océanos. Se desarrollan en los trópicos, donde aire húmedo y templado se eleva de la superficie del mar y crea nubes tormentosas. A medida que se eleva más aire en espirales, la energía se libera y se producen vientos cada vez más fuertes que giran en torno a un punto, el ojo del huracán (una zona tranquila de presión muy baja). Los huracanes viajan hacia tierra firme, donde producen devastaciones terribles. Fuera de los océanos, los huracanes se debilitan.

Los vientos más fuertes, de hasta 360 km por hora, surgen justo en el exterior del eje

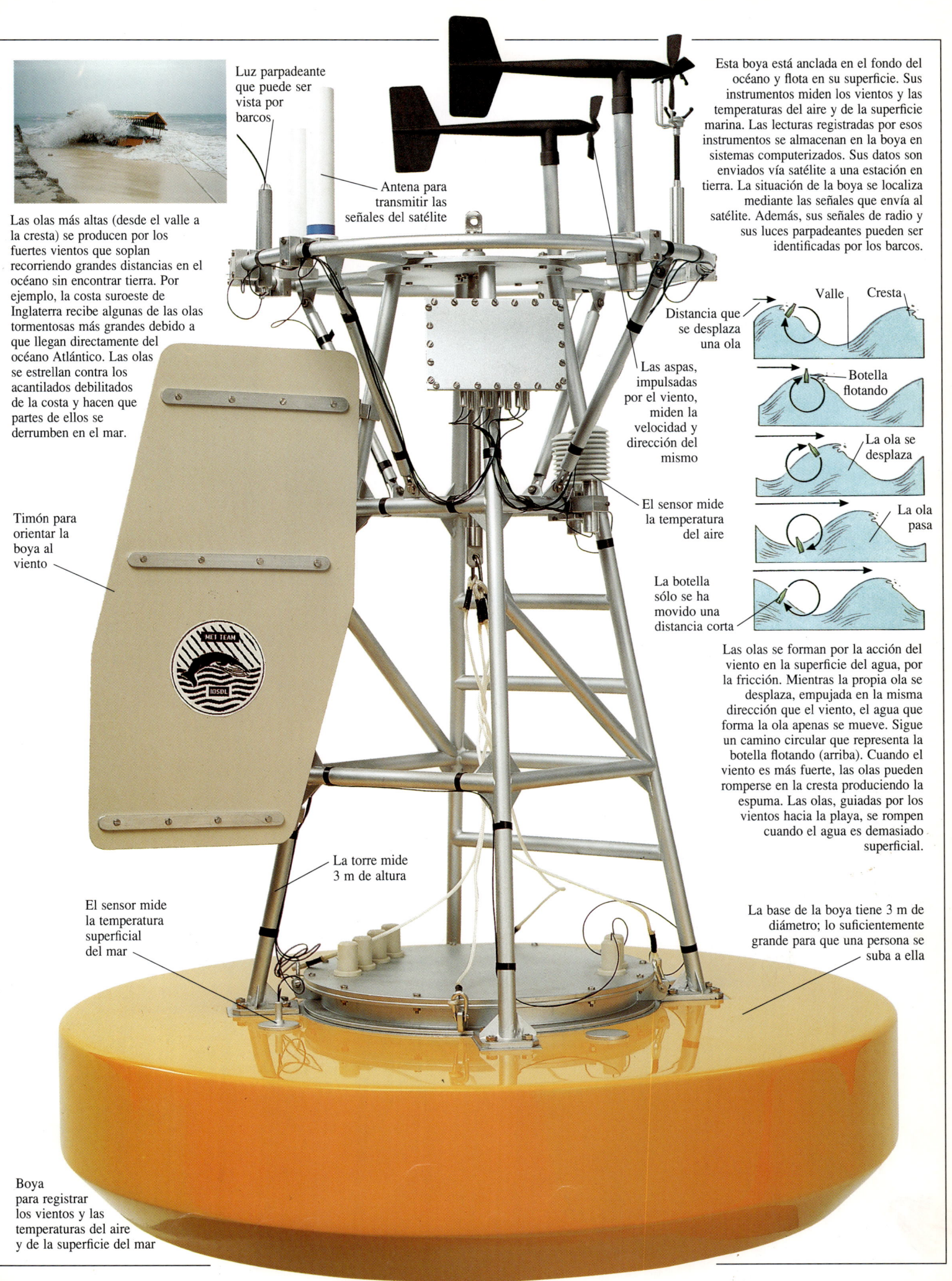

Arena y lodo

En las aguas someras de la costa, desde la zona más baja de la costa hasta el borde de la plataforma continental, la arena y el lodo procedentes de la tierra crean zonas extensas del suelo marino que parecen desiertos submarinos. El lodo de grano fino se deposita en lugares donde el agua está quieta. Desprovista de rocas, con poca abundancia de algas, los animales que se aventuran por su superficie están expuestos a los predadores. Para evitarlos, muchos animales se esconden en el blando lecho marino. Algunos gusanos se ocultan en sus propios tubos y se alimentan extendiendo un abanico de tentáculos o atrayendo el agua con las partículas de alimento al interior de sus tubos. Otros gusanos, como el ratón marino, se mueven en busca de comida. Los peces planos como el lenguado viven en el fondo arenoso buscando cualquier alimento disponible, como los gusanos *Sabella*. Todos los animales que aparecen aquí viven en las aguas costeras del océano Atlántico.

Un tubo con aspecto de papel resistente protege al gusano blando del interior

El gusano puede crecer hasta 40 cm de longitud

Cuerpo voluminoso cubierto de una alfombra densa de pelos finos

Cerdas gruesas y brillantes le ayudan a moverse por el fondo marino

El ratón de mar recorre su camino atravesando la arena fangosa del fondo marino y, a veces, es arrojado a la playa después de una tormenta. Sus espinas brillantes y multicolores le ayudan a impulsarse y hacen que su cuerpo compacto resulte menos apetitoso a los peces. El ratón de mar normalmente deja fuera de la arena su extremo posterior para que entre un chorro de agua fresca y pueda respirar. Los ratones marinos alcanzan los 10 cm de longitud y comen cualquier animal muerto que encuentren en la arena.

Su color claro les ayuda a camuflarse en la arena

Su tronco grueso parece un cacahuete cuando todo el cuerpo se retrae

La superficie del cuerpo grueso y no segmentado tiene un tacto áspero

En el mar viven muchos grupos diferentes de gusanos. Éste es uno de los sipuncúlidos, a veces llamados gusanos cacahuete. La parte anterior puede retraerse en el tronco grueso. Los gusanos cacahuete se entierran en la arena y en el lodo, pero algunas de las 320 clases de estos gusanos viven en conchas vacías y grietas de los corales.

Parte anterior también retráctil

Espinas venenosas de la primera aleta dorsal

Espina venenosa delante del opérculo

El ojo, muy alto, permite visión circular

Boca rodeada de tentáculos

Cuando un pez araña se entierra en la arena, sus ojos en lo alto de su cabeza le permiten ver lo que pasa. Las espinas venenosas de este pez, situadas estratégicamente, le brindan una defensa adicional. Sus espinas pueden producir heridas molestas a los humanos si se tropiezan con uno accidentalmente en aguas someras o es capturado en las redes de pescar.

Los lenguados recorren el lecho marino en busca de alimento. Pueden morder las cabezas de los gusanos *Sabella* si son lo suficientemente rápidos para atraparlos.

El blando lecho marino

CUANDO SE NADA sobre un fondo marino blando, usando mascarilla y respirador, sólo se pueden ver unos pocos animales porque la mayor parte de ellos se entierran en la arena. Al mirar con más detenimiento pueden percibirse signos de esos seres (las antenas plumosas de un cangrejo o el sifón de una almeja), que les permite obtener agua limpia con oxígeno para respirar. Algunos peces, como la raya águila, visitan el fondo marino para capturar las almejas que se entierran en él. Otros animales viven sólo donde las herbáceas marinas crecen en los fondos arenosos. Esas plantas no son algas, sino plantas con flor. Constituyen el alimento de muchos animales, incluyendo el dugongo, el único mamífero herbívoro que vive realmente en el mar.

Una piel resistente protege al dugongo

Los dugongos viven en las aguas costeras tropicales donde se alimentan de plantas marinas que crecen en el fondo. A menudo escarban en la arena para comer las raíces nutritivas de esas plantas. Estos animales graciosos y tímidos aún se cazan en algunos sitios.

El pólipo parecido a una anémona se despliega cuando se alimenta

Parecido a una antigua pluma de escribir, este pariente de las anémonas de mar vive en los fondos marinos. Las filas de pólipos diminutos que salen de cada lado de su cuerpo se usan para capturar animalillos que van flotando en busca de alimento. Las plumas de mar fosforecen en la oscuridad si se las molesta. Algunas plumas de mar viven en el fondo de océanos profundos.

Esta pluma de mar puede llegar a los 20 cm de altura

Aleta dorsal a lo largo de casi todo el cuerpo

En el cuadro de Botticelli *El nacimiento de Venus*, la diosa romana sale del agua en una concha de venera. En la realidad, las conchas de venera pesan demasiado para flotar y son demasiado pequeñas para llevar una persona.

Aleta anal larga

El pez cinta puede llegar a los 70 cm de longitud

El tallo de una pluma de mar se ancla en el fondo arenoso

Este pez vive normalmente en agujeros en el fondo marino a profundidades de hasta 200 m. También se le halla nadando entre las herbáceas marinas. Algunos de ellos son arrojados a la playa después de una tormenta. Cuando está fuera de su agujero, el pez cinta nada dejando pasar las olas bajo su cuerpo. Se alimenta de pequeños animales que pasan flotando.

Rocas submarinas

Erizos de mar horadando en la roca

Foladides

LAS ROCAS FORMAN EL LECHO MARINO en las aguas costeras, donde las corrientes se llevan la arena y el limo. Debido al fuerte movimiento del agua, los animales deben aferrarse a las rocas, buscar grietas para esconderse dentro o cobijarse entre las algas. Unos pocos animales notables como los foladides (bivalvos) y algunos erizos de mar, pueden horadar la roca sólida para hacer su morada. Los erizos de mar horadan cavidades en la roca dura mientras que los foladides perforan las rocas más blandas, como arenisca o creta. Algunos animales se ocultan bajo piedrecitas, pero sólo si están sobre un lecho marino blando. Cuando masas de guijarros sueltos se mueven, los animales y las algas pueden quedar triturados. Sin embargo, algunos crustáceos, como las langostas, pueden regenerar un miembro perdido de ese modo y la estrella de mar puede regenerar uno de sus brazos. Algunos animales pueden sobrevivir con bajos niveles de agua en la costa, especialmente en las charcas rocosas, pero otros muchos necesitan permanecer sumergidos continuamente.

Algunos erizos de mar usan sus espinas y dientes bajo sus conchas para horadar agujeros en la roca, mientras que los foladides perforan con las puntas de sus conchas. Mediante su pie musculado, el foladides se gira y da vueltas para horadar y sujetarse en su agujero. Ambos viven en aguas someras y en la costa baja.

La aleta dorsal tiene una mancha ocelada para asustar a los predadores

Los blenios son pececillos que viven en aguas someras, y a menudo descansan en el fondo y se esconden en grietas. Ponen sus huevos en cobijos, como botellas abandonadas, y los protegen de los depredadores. Los blenios se alimentan de pequeños seres como ácaros y viven sobre suelos rocosos o pedregosos de hasta 20 m de profundidad.

El caparazón espinoso disuade a los predadores

Las langostas espinosas europeas vivas son pardo rojizas. Debido a sus pinzas pequeñas sólo pueden comer presas blandas como gusanos o devorar animales muertos. Viven entre las rocas, ocultas en sus grietas durante el día, y se aventuran sobre el fondo marino para buscar su comida por la noche. Algunas clases de langosta espinosa se desplazan en filas manteniendo el contacto con la langosta precedente mediante sus antenas.

Garras delicadas en la punta de las patas marchadoras

Langosta espinosa europea

Pata marchadora

La cola puede doblarse y así puede nadar hacia atrás

En las rocas

EN LAS AGUAS SUPERFICIALES Y FRÍAS, sobre los lechos rocosos, crecen bosques de algas pardas, el hogar de muchos animales. Los peces nadan entre las frondas gigantes. A lo largo de la costa norteamericana del Pacífico, las nutrias marinas se envuelven a sí mismas en algas mientras duermen en la superficie. Aferradas con firmeza a las rocas, los rizomas de las algas pardas cobijan innumerables seres como gusanos y ácaros. A diferencia de las raíces de las plantas terrestres, los rizomas de las algas sólo sirven de sujeción y no absorben agua o nutrientes. Otros animales viven sobre su superficie o directamente sobre las rocas y capturan el alimento que les traen las corrientes. Los hidroideos parecen plantas, pero son animales pertenecientes al mismo grupo que las anémonas de mar, las medusas y los corales, y poseen tentáculos urticantes. Los mejillones se fijan a las rocas y brindan cobijo a algunos animales dentro o entre ellos.

Un tipo de alga parda del océano Pacífico

Las nutrias marinas nadan y descansan entre las frondas enormes de las algas pardas, a lo largo de la costa norteamericana del Pacífico. Se sumergen hasta el fondo para capturar moluscos, cuyas conchas abren aplastándolas contra una roca colocada sobre su pecho.

Los rizoides de las grandes y resistentes algas pardas se anclan firmemente a las rocas. Como crecen en aguas someras, estas algas están a menudo sometidas al oleaje.

El cuerpo sin escamas está cubierto con protuberancias verrugosas

Cría de lompa.

Las crías de lompa son mucho más bonitas que sus anodinos padres que se fijan a las rocas mediante sus aletas como ventosas situadas en el abdomen. Los adultos se acercan a la orilla para criar y el macho protege los huevos.

Cada dedo romo y fuerte mide 3 cm de diámetro por lo menos

Los dedos carnosos con numerosas esquirlas duras y diminutas

El pólipo blanco con aspecto de anémona obtiene su alimento de las corrientes rápidas

Rizoide del alga parda

Cuando este coral blando llamado «dedos de muerto» es arrastrado a la costa, su aspecto carnoso, como de goma, refleja bien su nombre. Vive en las rocas formando colonias de muchos pólipos entre una base carnosa naranja o blanca.

Agallas

Los rizoides deben ser fuertes, ya que algunas algas pueden tener 10 m de longitud

Esa estructura con aspecto de encaje sobre la superficie del alga (izquierda) es un briozoo. Estos seres viven en colonias de numerosos individuos adosados. Cada celdilla contiene uno de estos animales que sale para comer, capturando su alimento en sus tentáculos diminutos. La colonia aumenta cuando los individuos se reproducen por gemación. Otros tipos de briozoarios crecen hacia arriba con apariencia de algas o corales. Entre los briozoarios hay una lapa de rayas azules que ramonea sobre la superficie del alga.

Muchas babosas son carnívoras. Esta babosa vive en el coral blando llamado dedos de muerto (*Alcyonium*). Algunas babosas pueden comer los tentáculos urticantes de las anémonas y conservar los aguijones para su propia protección. De los huevos de estas babosas eclosionan formas juveniles que nadan, y luego se fijan y se convierten en adultos.

Los cangrejos araña tienen todos patas largas y parecen arañas. Se esconden bajo las piedras y entre las algas en las orillas bajas y en las aguas someras. Los cangrejos araña se camuflan cogiendo briznas de algas con sus pinzas y las colocan sobre sus caparazones. Se mueven entre las algas agarrándose con sus pinzas. Los cangrejos araña pueden vivir también sobre los lechos marinos blandos.

El cangrejo guisante (*Pinnotheres*) puede morder las agallas de los mejillones

Algas creciendo sobre la concha de un mejillón

Estos mitílidos tienen conchas fuertes y viven fijos sobre rocas y rizoides de algas en aguas someras, sujetos mediante hilos resistentes. Los mitílidos jóvenes se fijan donde ya hay algún mejillón; por eso se va formando gradualmente una capa de mejillones sobre el lecho marino. Otros seres viven entre los mejillones, pero el cangrejo guisante va más allá. Vive dentro de la concha del mitílido y se alimenta de su comida.

El alga sobre sus patas es parte del camuflaje

Pinzas de puntas afiladas para agarrarse a las algas

El mitílido llega a los 20 cm de longitud

Los tentáculos plumosos están sostenidos por tallos simples y resistentes

Pólipo con aspecto de anémona con dos anillos de tentáculos para capturar el alimento

Los bonitos pólipos con apariencia de flores de este hidroideo sirven para capturar el alimento. Si se le molesta, el hidroideo retraerá los pólipos en el interior de su esqueleto córneo. Los hidroideos viven fijos sobre superficies como rocas o algas, desarrollando colonias ramificadas de pólipos parecidos a anémonas. Algunos hidroideos producen por gemación formas, como diminutas medusas, que liberan esperma y óvulos en el agua. La cría se fija después en el fondo. Este hidroideo (derecha) no produce esas formas libres. En su lugar, las formas tipo medusa permanecen unidas al hidroideo parental, el cual libera luego sus hijos.

El briozoario crece en su superficie

El reino del coral

Los aguijones del tentáculo capturan la comida
La boca expulsa también los desechos
Placas duras del esqueleto pétreo
Bolsa estomacal

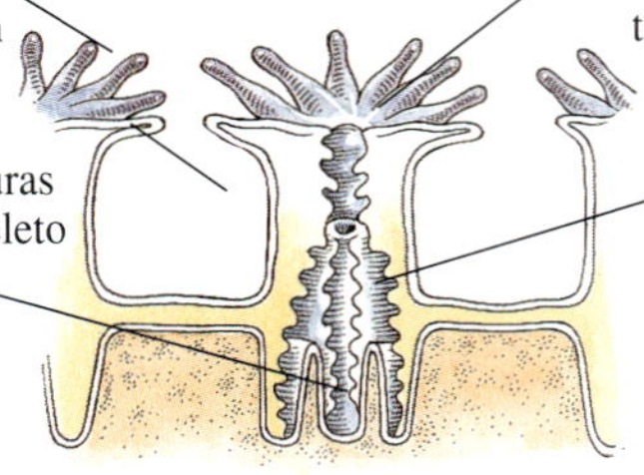

En un coral duro, una capa de tejido une entre sí pólipos próximos. Para reproducirse se dividen en dos o liberan esperma y óvulos en el agua.

EN LAS AGUAS TEMPLADAS Y CRISTALINAS de los trópicos florecen los arrecifes de coral que cubren zonas extensas. Constituidos por los esqueletos de los corales petrificados, los arrecifes de coral están empastados por algas calcáreas. La mayor parte de los corales pétreos están formados por colonias de muchos individuos diminutos parecidos a anémonas llamados pólipos. Cada pólipo fabrica su propio cáliz o esqueleto de carbonato cálcico que protege su cuerpo blando. Para fabricar sus esqueletos, los pólipos necesitan la ayuda de un alga unicelular microscópica que vive dentro de ellos. Las algas necesitan luz para crecer; por esa razón, los arrecifes de coral se hallan sólo en aguas soleadas y poco profundas. A cambio de brindar hogar a las algas, los corales reciben de ellas algún alimento, aunque ellos también capturan plancton con sus tentáculos. Únicamente la capa superior del arrecife está formado por corales vivos que se asientan sobre los esqueletos de pólipos muertos. Los arrecifes de coral también brindan un hogar a los corales blandos y a los abanicos de mar que no tienen esqueletos duros. Relacionados con las anémonas de mar y las medusas, los corales presentan una variedad exquisita de formas.

El esqueleto córneo del coral negro parece un haz de palitos

Abanico de mar naranja de los océanos Índico y Pacífico

Los vistosos hidrocorales están relacionados con los hidroideos y, a diferencia de los corales córneos y pétreos, producen formas con aspecto de medusa que poseen sus órganos sexuales. Conocidos como corales fuego, tienen potentes aguijones en sus pólipos.

En los corales negros vivos el esqueleto sostiene los tejidos vivos y las ramas llevan filas de pólipos parecidos a anémonas. Los corales negros se hallan principalmente en aguas tropicales, en la zona más profunda de los arrecifes de coral. Tardan mucho en crecer, y su esqueleto negro se usa a veces en joyería.

Una intrincada ramificación se desarrolla para soportar las corrientes fuertes

Tallo de un abanico de mar

Los abanicos de mar son corales gorgónidos con tejidos blandos que crecen alrededor de un esqueleto calcáreo o córneo. Están más emparentados con las plumas de mar, los corales organiformes y los corales blandos que con los corales pétreos verdaderos. La mayor parte de ellos vive en aguas tropicales, a menudo sobre los arrecifes coralinos. Muchos adoptan formas arborescentes, ramificadas (izquierda), pero en otros las ramas se unen para formar una red extensa con forma de abanico. De estas estructuras emergen pólipos tipo anémona para obtener su alimento de las corrientes de agua.

Arrecife costero creciendo alrededor de un volcán

Cuando el volcán se hunde, surge una laguna y se crea un arrecife de barrera

El volcán desaparece y queda un atolón

Un atolón es un anillo de islas de coral formado alrededor de una laguna central. Charles Darwin (1809-82) creía que los atolones se habían originado a partir de un arrecife crecido alrededor de una isla volcánica que se habría hundido después bajo la superficie del agua. Una teoría acertada, como se comprobó más tarde.

El esqueleto frágil de un coral organiforme se rompe con facilidad

La venera vive a menudo entre los pliegues de un coral rosa

Esqueleto arborescente ramificado

Un coral rosa es un falso coral que puede alcanzar 50 cm de diámetro

Un coral cerebroide debe su nombre a los pliegues de su superficie, que se parecen a los de un cerebro humano

Un tejido de color verde apagado recubre el esqueleto rojo brillante de los corales organiformes vivos. Sus pólipos, semejantes a anémonas, emergen de cada uno de los tubos diminutos de su esqueleto. Este coral no es un verdadero coral pétreo, sino un pariente de los abanicos de mar, los corales blandos y las plumas de mar.

El coral rosa es un briozoario y forma colonias en el fondo marino. Cada colonia está formada por millones de diminutos animalillos que viven cada uno en una unidad de su estructura con aspecto de hoja.

Aquí se muestra el Gran Arrecife de Barrera australiano con peces que se alimentan de plancton. Con más de 2.000 km de longitud, es la estructura más grande del mundo fabricada por seres vivos. De los 350 tipos de coral, muchos desovan la misma noche después de una luna nueva y entonces parece que hay una tormenta de nieve submarina.

La superficie de un coral cerebro vivo está cubierta de un tejido blando. Los pólipos tipo anémona crecen en filas a lo largo de los canales de su esqueleto. Son corales pétreos de crecimiento lento que aumentan su extensión unos pocos centímetros por año.

La vida en un arrecife de coral

LOS ARRECIFES DE CORAL albergan una variedad sorprendente de seres marinos, desde las miríadas de peces de colores brillantes a las almejas gigantes incrustadas en las rocas. Cada porción del arrecife brinda un escondite o un refugio a algún animal o planta. Por la noche, una multitud de criaturas sorprendentes surge de los huecos y grietas del coral para alimentarse. Todos los seres vivos del arrecife dependen, para su supervivencia, de los corales pétreos que reciclan los nutrientes escasos que contienen las azules y transparentes aguas tropicales. Los seres humanos, al igual que los animales, confían en los arrecifes coralinos para la protección de sus costas y atraer el dinero de los turistas; además, algunos pueblos isleños se asientan sobre atolones. Tristemente, a pesar de ser una de las grandes maravillas naturales del planeta, los arrecifes de coral están actualmente amenazados. Su destrucción está causada porque se rompen para usarlos como material de construcción, son dañados por buzos y submarinistas que los tocan o los pisan, dinamitados por pescadores, arrancados por coleccionistas, se cubren de tierra procedente de la erosión de las selvas y se contaminan por aguas residuales y vertidos de petróleo.

Manto

La almeja gigante azul llega hasta los 30 cm de longitud, pero las más grandes pueden alcanzar 1 m. El manto vistoso de los bordes de sus valvas contiene multitud de algas unicelulares que fabrican su propio alimento usando la energía del sol. La almeja consigue algo de alimento recogiendo esta cosecha de algas.

Su color verde sirve de camuflaje a la babosa de mar entre las algas

Los tentáculos de la anémona de mar son urticantes para alejar a los predadores

Una capa de mucosa viscosa protege al pez payaso de los tentáculos urticantes de las anémonas

El ojo, grande, atento al peligro

Las babosas de mar están relacionadas con los caracoles marinos pero no tienen concha. Muchas babosas que viven en los arrecifes coralinos se alimentan de corales, pero la babosa lechuga se alimenta de las algas que viven sobre el arrecife chupando el jugo de las células individuales. Los cloroplastos, la parte verde de las células vegetales, se almacenan en el sistema digestivo de la babosa, donde continúan funcionando para fabricar alimento usando la energía solar. Muchas otras babosas del arrecife tienen colores brillantes para advertir que son peligrosas.

La aleta lateral sirve para dirigir y cambiar el rumbo

El pez payaso, que se refugia entre las anémonas, vive en los arrecifes de los océanos Índico y Pacífico. A diferencia de otros peces, el pez payaso no es atacado por las anémonas debido a una capa de mucosa viscosa que recubre su cuerpo. Incluso las células urticantes de las anémonas ni se disparan en presencia de este pez. El pez payaso rara vez se aventura lejos de su hogar de anémonas por miedo a ser atacado por otros peces. Hay diferentes clases de pez payaso; algunas viven sólo con ciertos tipos de anémonas.

Las rayas interrumpen la silueta del pez payaso; por eso es más difícil que los predadores puedan distinguirlo en el arrecife

Dátil de mar *(Lithophaga)* en un arrecife del mar Rojo

Muchas almejas diferentes viven en los arrecifes. Este mejillón dátil fabrica su hogar gracias a sustancias que produce, que desgastan el duro coral hasta hacer un hueco. Como la mayoría de las almejas, el mejillón se alimenta filtrando las partículas alimenticias del agua que pasa a través de sus agallas.

El hocico estrecho busca esponjas y otros animales que viven sobre las rocas

Adulto

Los colores brillantes atraen a su pareja

Aleta caudal sólo amarilla

Los colores y el patrón de un pez ángel emperador adulto sirven como señal para otros peces ángel

Las glándulas especiales en su piel dan a la babosa un sabor desagradable que disuade a los predadores

Los peces ángel son habitantes comunes de los arrecifes. El pez ángel emperador joven parece muy diferente del adulto quizá porque sus colores le protegen mejor. Una vez que los adultos se aparean, delimitan un territorio en el arrecife donde pueden alimentarse. Sus colores y patrones facilitan el reconocimiento entre ellos; por eso pueden ver si su zona del arrecife está ocupada.

Cría

El patrón anillado puede distraer la atención del predador de la cabeza, más vulnerable, del pez joven

El cuerpo blando no tiene concha protectora

Un pie plano y viscoso permite a la babosa deslizarse sobre las algas

La estrella de mar corona de espinas devora las partes blandas de un coral gorgónido. Al igual que muchas otras, para alimentarse, lanza su estómago sobre la presa y las enzimas que contiene realizan su digestión. Plagas de estas estrellas de mar atacaron el Gran Arrecife de Barrera australiano en los años 60 y 70, matando un gran número de corales, sin que se conozca la causa.

El color verde brillante de la babosa se debe a las algas que come

Una estrella de mar corona de espinas comiendo coral

Los tentáculos pueden retraerse al interior del cuerpo para protegerse

Los tentáculos alrededor de la boca sirven para alimentarse

Piel resistente

La babosa lechuga respira por su piel, que se parece a las hojas de una planta

Una de las cinco filas de pies tubulares le sirven al pepino de mar para arrastrarse

Uno de los tipos de pepino de mar más vistosos vive sobre o cerca de los arrecifes de la región indo-pacífica. Estos animales son equinodermos (págs. 18-19), al igual que las estrellas de mar, los erizos de mar y los lirios de mar. La holoturia saca fuera sus tentáculos pegajosos para alimentarse de partículas alimenticias. Cuando el alimento choca contra el mucílago del tentáculo, éste entra dentro de la boca y la comida es absorbida.

Tentáculos gruesos especiales para oler el alimento

Praderas marinas

LOS VEGETALES MÁS ABUNDANTES DEL OCÉANO son demasiado pequeños para verlos a simple vista. Estos vegetales flotantes diminutos, a menudo unicelulares, se llaman «fitoplancton». Al igual que otros vegetales necesitan luz para crecer; por eso sólo viven en la zona superior del océano. Cuando las condiciones son adecuadas, el fitoplancton se multiplica con rapidez en unos pocos días, ya que cada célula se divide en dos, y así sucesivamente. Para crecer, el fitoplancton necesita nutrientes del agua del mar y luz abundante. La zona más luminosa es la tropical pero los nutrientes, especialmente el nitrógeno y el fósforo, escasean allí restringiendo el crecimiento del fitoplancton. Brotes espectaculares de fitoplancton pueden verse en aguas más frías, donde los nutrientes (restos de animales y plantas muertos) suben desde el fondo durante las tormentas, y también en aguas frescas y templadas, donde afloran aguas ricas en nutrientes. El fitoplancton sirve de alimento a bancos de animales diminutos que flotan a la deriva (zooplancton) y que constituyen un festín para pececillos, como los arenques, que a su vez son comidos por peces más grandes (como el pez perro), que a su vez son comidos por peces más grandes aún u otros predadores (como los delfines). Algunos animales oceánicos más grandes (tiburones ballena y los rorcuales azules) se alimentan directamente de zooplancton.

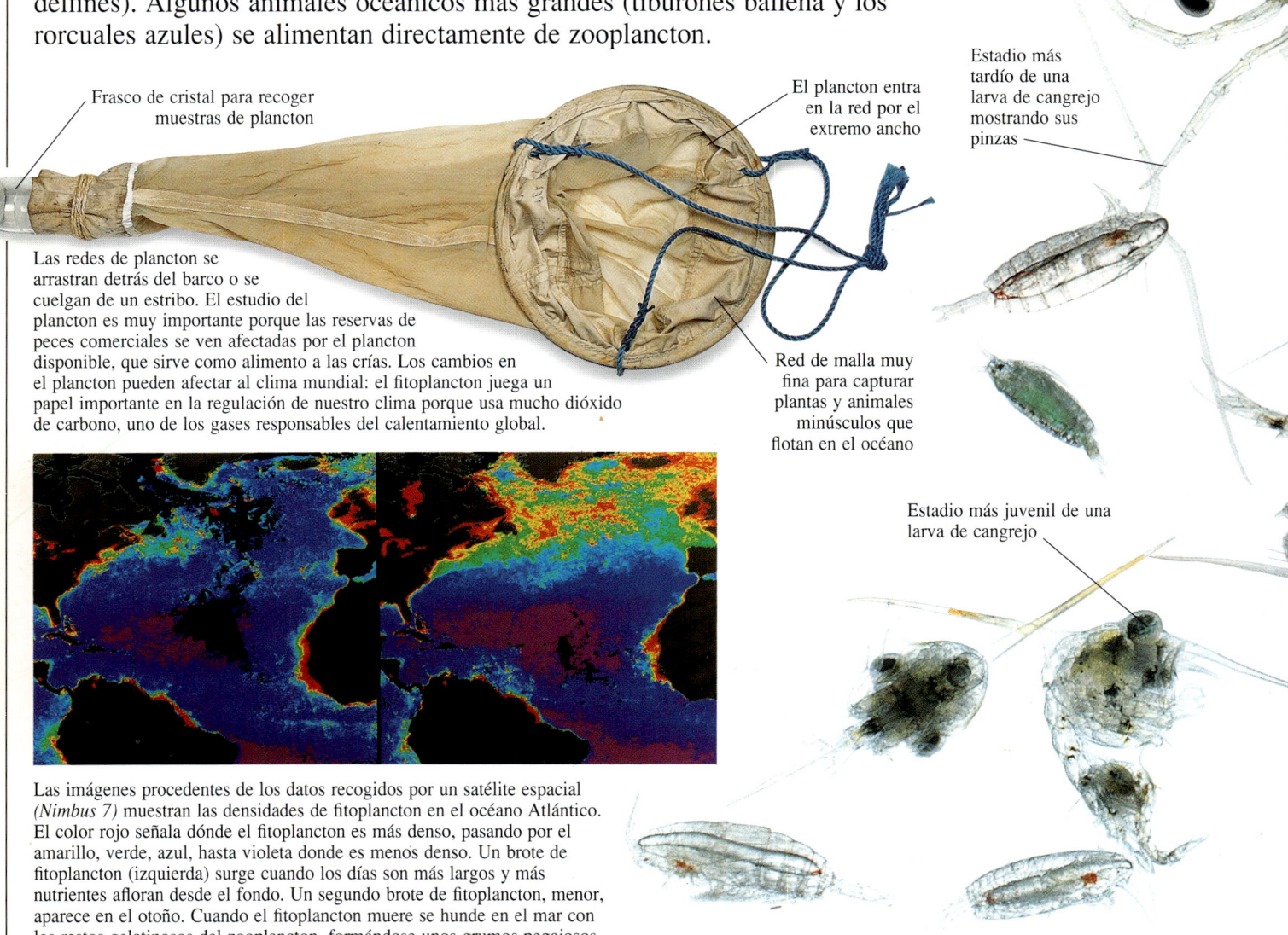

Esta diatomea es uno de los muchos fitoplancton que flotan a la deriva en el océano. Las diatomeas son el tipo más corriente de fitoplancton en las aguas más frescas, pero los dinoflagelados, llamados «plantas unicelulares», son frecuentes en las aguas tropicales. Muchas diatomeas son unicelulares, pero ésta está formada por una cadena de células.

Estadio más tardío de una larva de cangrejo mostrando sus pinzas

Frasco de cristal para recoger muestras de plancton

El plancton entra en la red por el extremo ancho

Las redes de plancton se arrastran detrás del barco o se cuelgan de un estribo. El estudio del plancton es muy importante porque las reservas de peces comerciales se ven afectadas por el plancton disponible, que sirve como alimento a las crías. Los cambios en el plancton pueden afectar al clima mundial: el fitoplancton juega un papel importante en la regulación de nuestro clima porque usa mucho dióxido de carbono, uno de los gases responsables del calentamiento global.

Red de malla muy fina para capturar plantas y animales minúsculos que flotan en el océano

Estadio más juvenil de una larva de cangrejo

Las imágenes procedentes de los datos recogidos por un satélite espacial *(Nimbus 7)* muestran las densidades de fitoplancton en el océano Atlántico. El color rojo señala dónde el fitoplancton es más denso, pasando por el amarillo, verde, azul, hasta violeta donde es menos denso. Un brote de fitoplancton (izquierda) surge cuando los días son más largos y más nutrientes afloran desde el fondo. Un segundo brote de fitoplancton, menor, aparece en el otoño. Cuando el fitoplancton muere se hunde en el mar con los restos gelatinosos del zooplancton, formándose unos grumos pegajosos llamados «nieve marina».

Entre los depredadores últimos figuran los delfines, que capturan los peces mediante su sistema de sónar (ecolocalización). Para ello producen una serie de chasquidos que son reflejados por objetos cercanos. Los delfines son presa de animales más grandes, como las orcas, mientras que los peces que ellos comen capturan otros más pequeños. Pocos animales del océano se alimentan de un solo tipo de comida, pero casi todos tienen que depender de los vegetales.

Banco de sardinas.

Copépodo (pulga de mar)

Copépodo (pulga de mar)

Estadio juvenil de larva de cangrejo

Estadio juvenil de larva de cangrejo

Gamba

Una muestra de zooplancton recogida de la costa norte atlántica de Escocia

Estadio juvenil de larva de cangrejo

Estadio juvenil de larva de cangrejo

Pez joven

Estadio juvenil de larva de cangrejo

Gamba

Copépodo (pulga de mar)

Una gran variedad de zooplancton flota a la deriva en el océano. Algunos son herbívoros y comen fitoplancton. Entre éstos, los más abundantes son los copépodos y crustáceos diminutos (animales con miembros articulados como los cangrejos). Atraen el fitoplancton a sus bocas creando una corriente con sus antenas. Los estadios juveniles de los cangrejos y gambas pasan por varias formas mientras están en el plancton antes de establecerse en el fondo marino. Algunos tienen espinas en sus cuerpos para flotar y que los hacen poco atractivos como alimento. Muchos peces (no los tiburones) también empiezan su vida en el plancton. Primero se alimentan de su saco vitelino y después de otros tipos de plancton.

Depredadores y presas

ALGUNOS ANIMALES OCEÁNICOS son herbívoros, desde peces que ramonean algas en los arrecifes coralinos hasta los dugongos que comen herbáceas marinas. También hay muchos animales carnívoros en el océano. Algunos, como los tiburones azules y las barracudas, son cazadores sigilosos, mientras que otros, como el pejesapo abisal y las anémonas, aguardan a sus presas capturándolas de un mordisco o con sus tentáculos urticantes, respectivamente. Muchos animales consiguen su alimento filtrando el agua, desde el humilde abanico de mar hasta las enormes ballenas. Las aves marinas también se alimentan en el océano, donde se sumergen para salir con su pico lleno. Algunos animales son omnívoros: comen tanto plantas como animales.

Las ballenas jibarte nadan alrededor de los bancos de peces mientras producen burbujas. Entonces abren completamente sus bocas para tragar agua y peces reteniendo los peces y expulsando el agua a través de las barbas de sus bocas.

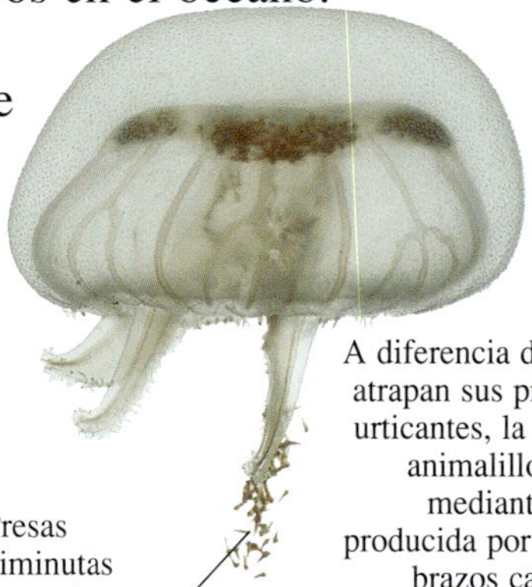

Presas diminutas atrapadas en el mucílago

A diferencia de muchas medusas que atrapan sus presas usando tentáculos urticantes, la medusa común captura animalillos que flotan (plancton) mediante una mucosa pegajosa producida por la umbrela. Los cuatro brazos carnosos bajo la umbrela recogen el mucílago con el alimento y unos diminutos cilios como pelos lo dirigen hacia la boca.

El perro del norte tiene unos dientes fuertes que parecen colmillos para triturar los duros caparazones de cangrejos, erizos y mejillones. Como cada año se desgastan o se rompen los dientes delanteros, son sustituidos por unos nuevos que crecen detrás de los viejos. El perro del norte vive en las aguas frías y profundas del norte, acechando desde agujeros de las rocas.

Aleta dorsal a lo largo de toda la longitud del cuerpo

Dientes amarillos y curvados como colmillos

Aleta pectoral

La piel arrugada y resistente del perro del norte le sirve de protección cerca del fondo marino donde vive

28

Hogares y escondites

PERMANECER OCULTO es uno de los mejores medios de defensa: si el predador no te ve, ¡no puede comerte! Muchos animales marinos se cobijan entre las algas, en las grietas de las rocas o bajo la arena. Tener colores o incluso la textura del fondo en que se vive también ayuda a pasar inadvertido. El pez sargazo parece incluso trozos de algas. Los caparazones duros resultan una armadura útil; al menos brindan protección frente a predadores de mandíbulas débiles. Los caracoles marinos y los bivalvos fabrican las conchas que encierran su propio cuerpo. Los cangrejos y langostas tienen caparazones externos, como armaduras, que cubren su cuerpo y cada miembro articulado. El cangrejo ermitaño es un caso extraño porque sólo la parte anterior del cuerpo y las patas están cubiertos de un caparazón duro. Su abdomen es blando; por eso este cangrejo se sirve de las conchas vacías de un caracol marino para protegerse.

Este pez vive entre masas flotantes de sargazos, donde le crecen unas protuberancias sobre la cabeza, cuerpo y aletas que le dan tal aspecto que pasa inadvertido a los predadores. Muchos animales diferentes viven en los sargazos que flotan a la deriva en grandes cantidades en el mar de los Sargazos del Atlántico Norte.

La sepia tiene pigmentos coloreados distintos y cambia de color con rapidez para huir de los predadores. Sus ojos perciben su entorno y las señales nerviosas son enviadas por el cerebro a bolsas diminutas de pigmento en la piel. Cuando esas bolsas de pigmento se contraen, el color de la sepia se aclara.

La sepia se vuelve más oscura cuando las bolsas de pigmento se expanden

El cangrejo ermitaño abandona su vieja concha de buccino

Anémona

Inspecciona su nuevo hogar comprobando su tamaño con las pinzas

Cuando está fuera de la concha, el cangrejo es vulnerable a los predadores

Como todos los crustáceos, un cangrejo ermitaño muda su esqueleto externo duro y lo hace protegido dentro de su hogar de concha de caracol. Cuando crece necesita mudarse a una concha de caracol más grande. Antes de abandonar su vieja concha comprueba el tamaño de su posible nuevo hogar. Si no es lo suficientemente grande o está roto, el cangrejo buscará otra concha. Cuando ha encontrado una adecuada, tira cuidadosamente de su cuerpo hacia afuera de su vieja concha y lo introduce en la nueva. Cuando el cangrejo crece más se muda a conchas grandes de buccino y vive en aguas someras dentro del lecho marino.

La pata con pinzas afiladas le sirve para sujetarse en el fondo cuando camina

Antena

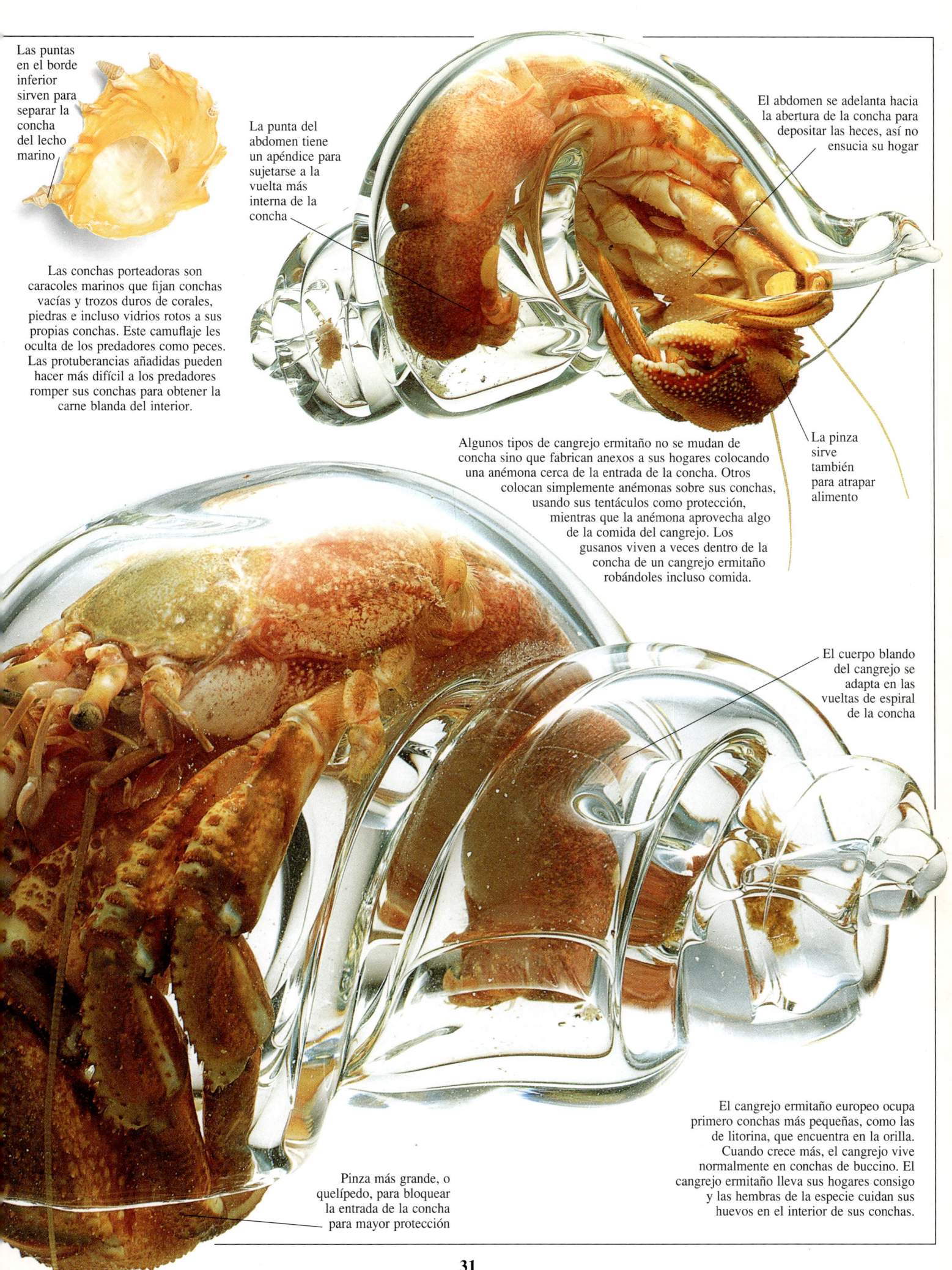

Las puntas en el borde inferior sirven para separar la concha del lecho marino

Las conchas porteadoras son caracoles marinos que fijan conchas vacías y trozos duros de corales, piedras e incluso vidrios rotos a sus propias conchas. Este camuflaje les oculta de los predadores como peces. Las protuberancias añadidas pueden hacer más difícil a los predadores romper sus conchas para obtener la carne blanda del interior.

La punta del abdomen tiene un apéndice para sujetarse a la vuelta más interna de la concha

El abdomen se adelanta hacia la abertura de la concha para depositar las heces, así no ensucia su hogar

La pinza sirve también para atrapar alimento

Algunos tipos de cangrejo ermitaño no se mudan de concha sino que fabrican anexos a sus hogares colocando una anémona cerca de la entrada de la concha. Otros colocan simplemente anémonas sobre sus conchas, usando sus tentáculos como protección, mientras que la anémona aprovecha algo de la comida del cangrejo. Los gusanos viven a veces dentro de la concha de un cangrejo ermitaño robándoles incluso comida.

El cuerpo blando del cangrejo se adapta en las vueltas de espiral de la concha

Pinza más grande, o quelípedo, para bloquear la entrada de la concha para mayor protección

El cangrejo ermitaño europeo ocupa primero conchas más pequeñas, como las de litorina, que encuentra en la orilla. Cuando crece más, el cangrejo vive normalmente en conchas de buccino. El cangrejo ermitaño lleva sus hogares consigo y las hembras de la especie cuidan sus huevos en el interior de sus conchas.

Ataque y defensa

MUCHOS SERES MARINOS POSEEN ARMAS para defenderse de los predadores o para atacar a las presas. Algunos producen veneno para defenderse y a menudo avisan de su peligro con marcas distintivas. Las rayas de un pez león alertan a sus enemigos del peligro de sus espinas venenosas, pero siendo tan llamativo tiene que sorprender a sus presas cuando caza en una zona abierta o bien emboscarse entre masas de coral. Los peces piedra están armados también con espinas venenosas y se confunden perfectamente con el fondo cuando aguardan a una presa que pase nadando. Los pulpos cambian de color según el fondo. Si es atacado, el pulpo de anillos azules produce manchas azules para avisar que su mordedura es venenosa. Desaparecer en una nube de tinta es otra estratagema eficaz que usan los pulpos, calamares y sepias. La mayor parte de los bivalvos pueden retraer las delicadas partes blandas al interior de sus conchas, pero los tentáculos del borde de la concha son una defensa ya que producen una líquido pegajoso irritante. Pero ningún método de defensa es absolutamente infalible. Incluso la medusa más venenosa puede ser comida por tortugas carnívoras que son inmunes a su picadura.

El pez piedra es uno de los seres más mortíferos del océano. El veneno de un pez piedra, que inyecta mediante las espinas afiladas de su lomo, causa un dolor tan intenso que una persona que lo pise puede sufrir un shock y morir.

Nube de tinta formándose alrededor de una sepia

Los cefalópodos, que incluyen las sepias, calamares y pulpos, cuando son amenazados lanzan una nube de tinta para confundir al enemigo y poder huir. La tinta, producida en una glándula unida al intestino, es expulsada en un chorro de agua desde un conducto tubiforme situado cerca de la cabeza.

Espina dorsal larga con glándulas venenosas en los surcos

Protección córnea sobre el ojo

Un alga roja calcárea (Maërl) forma una masa gruesa a lo largo del lecho marino rocoso

Tres espinas anales venenosas

El cuerpo rayado del pez león avisa a los predadores de su peligrosidad. Un predador que intente morder a un pez león puede pincharse con una o más de sus espinas venenosas. Si sobrevive, el predador recordará el peligro y se alejará del pez león en lo sucesivo. El pez león puede nadar en zona abierta buscando presas más pequeñas con poco riesgo de ser atacado. Vive en las aguas tropicales de los océanos Índico y Pacífico. A pesar de ser venenosos, son peces de acuario populares por su belleza.

Las rayas avisan a los predadores de la peligrosidad del pez león

Si este pulpo se enfada o si está buscando alimento, aparecen unas manchas azules en su piel, avisando de su mordedura venenosa. Aunque este pulpo es del tamaño de una mano, su mordedura puede ser a veces fatal. Los pulpos de anillos azules viven en aguas someras alrededor de Australia y algunas islas del Pacífico.

Las dos espinas venenosas de la cola pueden hincarse en la piel del nadador e inyectar su veneno

Pintura de monstruos marinos (hacia 1880)

El aguijón de una raya es afilado y serrado; por eso penetra bien en la piel

La aleta pectoral sirve para nadar

Esta raya de manchas azules vive en las aguas templadas de los océanos Índico y Pacífico así como en el mar Rojo, donde se la encuentra a menudo acechando sobre el fondo marino. Si se la pisa, un dolor agudo se produce en el pie durante más de una hora, pero después de seis, el dolor desaparece gradualmente.

Los marineros antiguos sabían que algunos seres marinos eran peligrosos y podían matar a las personas. Las historias sobre esos monstruos marinos, aunque corrientes, llegaban a exagerarse enormemente. Las leyendas de monstruos también se inventaron para explicar el hundimiento de los barcos debido a condiciones peligrosas del mar.

Las medusas son famosas por sus picaduras desagradables, pero las más molestas son las de la medusa que nada cerca de las costas del norte de Australia y sureste de Asia. Sus picaduras producen hinchazones horribles cuando alguien toca sus tentáculos. Una persona con serias picaduras puede morir en cuatro minutos.

Cuando la valvas se cierran hay todavía un espacio entre ellas

Los tentáculos siempre están a la vista

Estas limas no pueden retraer su masa de tentáculos naranja en el interior de sus dos valvas para protegerse; por ello los tentáculos producen una sustancia pegajosa de sabor amargo para alejar a los predadores. Si los tentáculos se parten, pueden regenerarse. Las limas fabrican sus hogares en las algas aferrándose a ellas mediante los filamentos del biso. Pueden también hacer «nidos» entre los mitílidos y las algas. Si se las separa de sus nichos pueden desplazarse expulsando agua de sus valvas y usando sus tentáculos como remos.

La valva llega hasta 2,54 cm de longitud

Propulsión a chorro

UNA FORMA RÁPIDA DE MOVERSE en el agua es la propulsión a chorro. Algunos moluscos, como los bivalvos, calamares y pulpos, hacen eso lanzando chorros de agua desde la cavidad corporal. La propulsión a chorro puede servirles tanto para nadar como para huir de los predadores. Los calamares son los mejores en esta técnica: sus cuerpos son siempre aerodinámicos para reducir su resistencia al agua. Algunos tipos de venera también usan la propulsión a chorro y son unos de los pocos bivalvos que pueden nadar. La mayoría de los bivalvos (moluscos con dos conchas o valvas unidas) sólo son capaces de enterrarse en la arena o fijarse al fondo marino. El pulpo común vive en los fondos marinos rocosos de las aguas costeras del océano Atlántico y de los mares Mediterráneo y Caribe. Si es atacado, puede huir por propulsión a chorro.

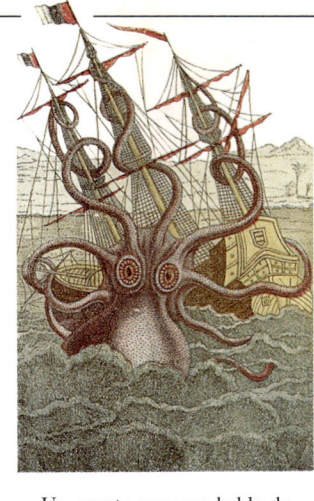

Un cuento noruego habla de *Kraken,* un monstruo marino gigantesco que rodeaba a los barcos con sus brazos antes de hundirlos. La leyenda puede tener su origen en el misterioso calamar gigante que vive en las aguas profundas. Algunos ejemplares muertos han sido a veces arrojados a la orilla, pero nadie los ha visto nunca nadando en las profundidades.

Los motores de los aviones a chorro (jets) producen chorros de aire para volar, de un modo bastante similar a como los pulpos, calamares y sepias lanzan chorros de agua para impulsarse a sí mismos en el agua.

Sifón

Brazos largos para atrapar la presa

El sifón sobresale del borde del cuerpo abolsado del pulpo. El sifón puede doblarse para que el chorro pueda ser dirigido hacia atrás o hacia delante para así controlar la dirección del movimiento.

Ventosas potentes se agarran a la roca para poder arrastrarse

1 El pulpo común se esconde durante el día en su guarida rocosa y sale por la noche en busca de alimento (en especial, crustáceos). El pulpo se acerca lentamente a su presa, y entonces se avalanza envolviéndola entre la membrana en la base de sus brazos.

La ventosa es sensible al tacto y al gusto

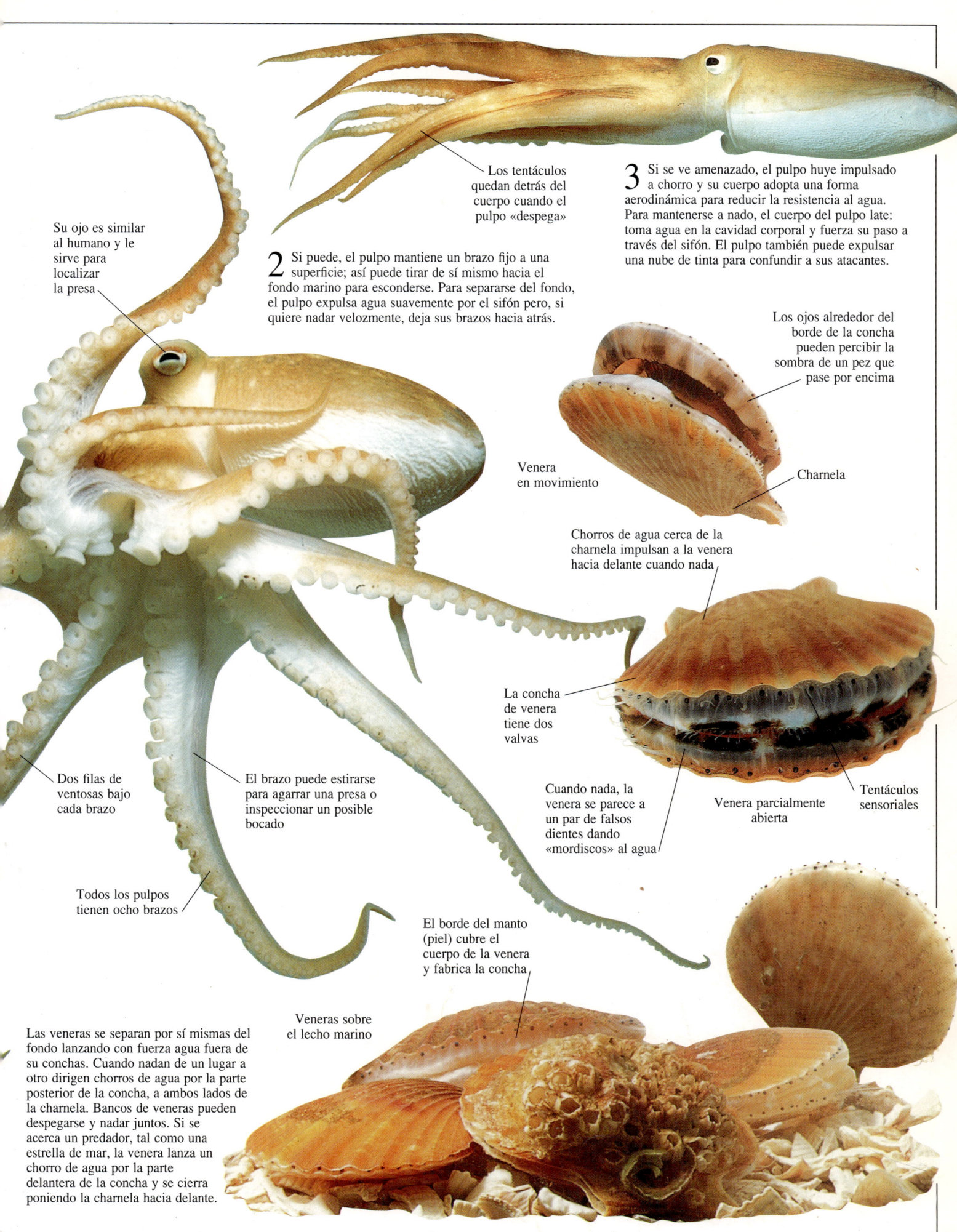

En movimiento

CUALQUIER NADADOR SABE que cuesta más mover un brazo o una pierna en el mar que en el aire. Esto se debe a que el agua marina es más densa que el aire. Para ser un nadador veloz como el delfín, el atún o el pez vela, ayuda tener una forma aerodinámica como un torpedo para reducir la resistencia al agua. Una piel lisa con pocas protuberancias permite que el animal se mueva con más facilidad. La densidad del agua tiene una ventaja: ayuda a sostener el peso del cuerpo del animal. El animal más pesado que haya vivido en la Tierra es el rorcual azul, que pesa hasta 150 toneladas. Algunos seres con grandes corazas, como el nautilo, con cámaras múltiples, tienen compartimentos llenos de gas que les impiden hundirse. Algunos animales del océano, como los delfines y el pez volador, consiguen velocidad suficiente bajo el agua para dar saltos cortos en el aire; pero no todos los animales oceánicos son buenos nadadores. Muchos de ellos sólo son capaces de nadar lentamente, otros se dejan llevar por las corrientes, se arrastran por el fondo, se entierran en la arena o permanecen fijos, sujetos al lecho marino.

El pez volador logra velocidad bajo el agua y salta limpiamente sobre la superficie para escapar de los predadores; luego planea durante más de 30 segundos extendiendo sus aletas laterales.

Los peces a menudo nadan juntos en un banco o cardumen (como estos perciformes de rayas azules) donde un pez tiene menos posibilidad de ser atacado por un predador que cuando nada solo. La masa de individuos en movimiento puede confundir al predador y además hay más pares de ojos vigilantes.

Durante el día, muchas rayas eléctricas prefieren permanecer ocultas en el fondo arenoso confiando en sus órganos eléctricos para su defensa; pero nadan si se las molesta y por la noche, cuando salen a cazar sus presas. Hay más de 30 clases distintas de rayas eléctricas, la mayoría de aguas templadas. La mayor parte de las otras rayas tiene colas fusiformes (a diferencia de la cola ancha de la raya eléctrica); por eso se mueven en el agua mediante sus aletas pectorales. Las olas pasan de delante hacia atrás de las aletas pectorales que, en las rayas más grandes como las mantas, se desarrollan tanto que las aletas realmente baten arriba y abajo.

La piel suave de la raya eléctrica puede ser tanto de color negro como pardo rojizo

El espiráculo (una válvula de un sentido) toma agua que se bombea al exterior a través de las hendiduras por debajo de las agallas

Algunas rayas eléctricas pueden llegar a 1,8 m y pesar unos 50 kg

Aleta pélvica

Secuencia natatoria de una raya eléctrica

Las focas usan sus aletas delanteras para dirigir su rumbo en el agua. Se mueven batiendo sus aletas posteriores y la cola de un lado a otro. Sus narinas se cierran para impedir que el agua entre en los conductos respiratorios. Las focas de bahía (derecha) pueden sumergirse hasta 90 m, pero la campeona es la foca de Weddell antártica que se sumerge hasta 600 m. Las focas no padecen el «mal de profundidad» porque respiran antes de sumergirse y, a diferencia de los humanos, no respiran aire comprimido. Cuando están bajo el agua, las focas usan el oxígeno almacenado en la sangre.

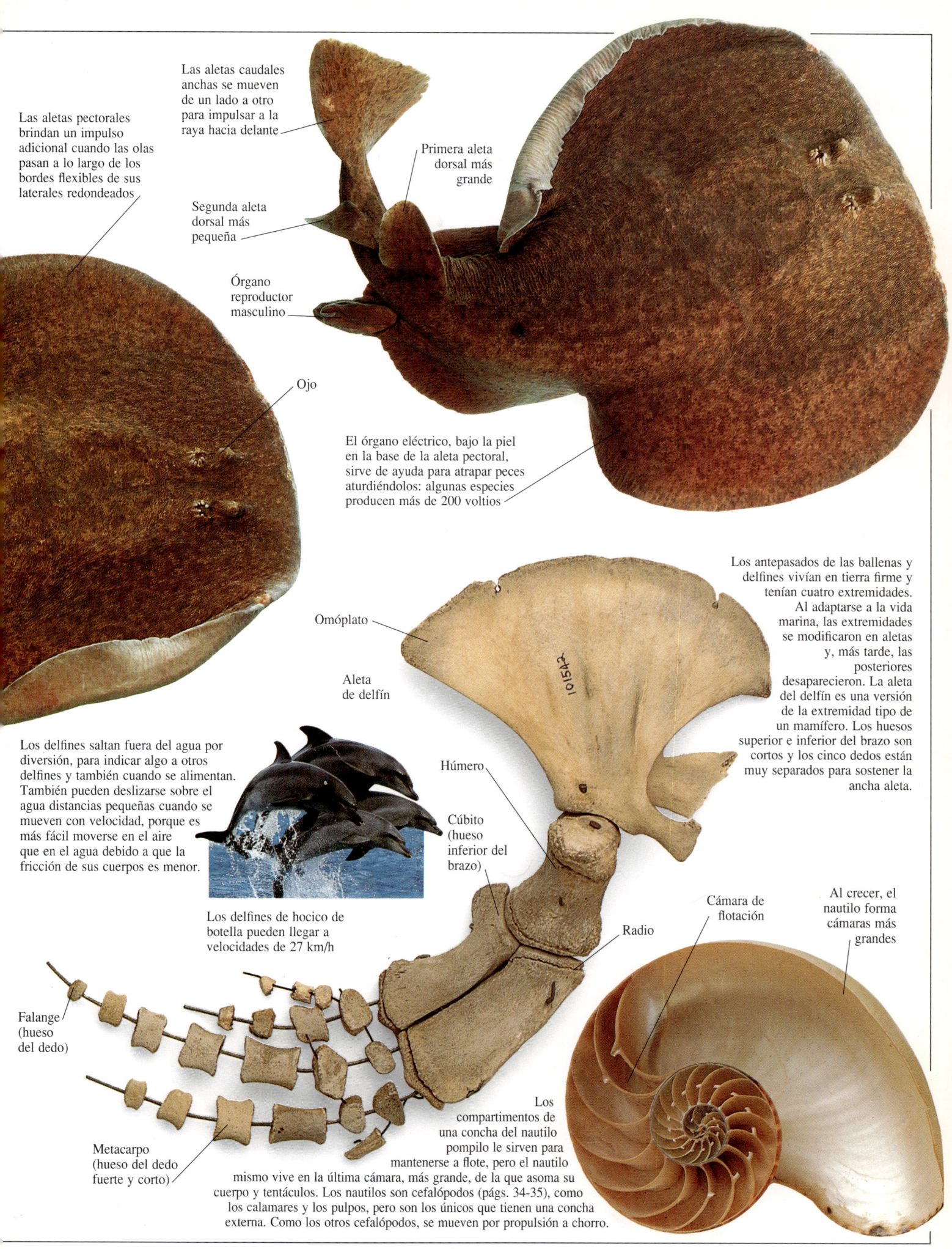

Viajeros del océano

ALGUNOS ANIMALES MARINOS recorren grandes distancias, cruzando los océanos de un lado a otro, para encontrar los mejores lugares para criar o alimentarse. Las ballenas, como la jibarte, se alimentan en las aguas frías y ricas en nutrientes de los extremos norte y sur, y se reproducen y tienen sus crías en las aguas templadas tropicales. Muchos de estos viajeros de largas distancias, como las tortugas, focas y aves marinas, se alimentan en alta mar pero se acercan a la orilla para criar. Las anguilas de agua dulce son raras porque van al océano a reproducirse; luego las crías regresan a los ríos, donde crecen y se convierten en adultos. Los salmones, por el contrario, se desarrollan en el océano y vuelven a los ríos para reproducirse. Los viajeros del océano se sirven a menudo de las corrientes para acelerar su viaje. Incluso animales que no saben nadar pueden viajar a lo largo y ancho del océano llevados por otros animales o flotando a la deriva sobre un trozo de madera.

Percebes sobre madera a la deriva

Los percebes viven sobre las superficies de rocas, madera, cascos de barco y algunos tipos crecen incluso sobre tortugas y ballenas. Estos percebes de cuello de ganso pueden flotar grandes distancias sobre trozos de madera. Los percebes son crustáceos (como los cangrejos y langostas) y tienen miembros articulados. Para proteger su cuerpo y miembros, los percebes poseen un conjunto de placas parecidas a conchas.

La piel se vuelve plateada antes de que la anguila regrese al mar de los Sargazos

La tortuga usa el par de aletas posteriores como timón

La amplia superficie de la aleta anterior facilita la natación

Se forman ojos más grandes cuando la anguila adulta emigra al mar

Larva con forma de hoja (cría) llamada *Leptocephalus*

Los alevines de anguila, llamados «angulas»

Tentáculos que cuelgan dotados de aguijones venenosos

Durante siglos, nadie sabía donde iban a criar las anguilas, sólo que los alevines volvían en grandes grupos a los ríos. A finales del siglo XIX, los científicos descubrieron una larva en el mar que se convertía en angula. Más tarde descubrieron que la larva más pequeña procedía del mar de los Sargazos, en el oeste del Atlántico, donde a gran profundidad las anguilas adultas pueden reproducirse. Las larvas son después arrastradas por las corrientes de regreso a las costas europeas, donde se convierten en angulas.

La fragata portuguesa no es una medusa verdadera sino un sinóforo (pariente de los hidroideos) que posee flotadores llenos de gas que la mantienen en la superficie, donde los vientos y las corrientes la arrastran. Se encuentra normalmente en aguas templadas, pero puede ser arrastrada hacia aguas más frías o arrojada a la orilla después de una tormenta.

Secuencia de natación de una tortuga verde

Las tortugas verdes viven en las aguas templadas de los océanos Atlántico, Pacífico e Índico. Como otras tortugas, vienen a la orilla para poner sus huevos. Primero las hembras se aparean en aguas someras con los machos que las aguardan. Más tarde, al amparo de la oscuridad, las hembras se arrastran hasta la playa para poner sus huevos en la arena antes de regresar al agua. Pueden volver más de una vez durante la estación de cría para poner más huevos. Algunas tortugas verdes se sabe que viajan varios cientos de kilómetros o más para llegar a sus playas de cría, donde los huevos eclosionan. Las tortugas se alimentan de herbáceas marinas y algas.

El caparazón de la tortuga es aerodinámico para deslizarse en el agua

El par de aletas delanteras ayuda a la tortuga a «volar» en el agua

Las tortugas respiran aire; por eso tienen que subir a la superficie a respirar por sus orificios nasales

La tortuga verde *(Chelonia mydas)* está en la lista de especies protegidas

En una leyenda japonesa, Urashima Taro cabalga sobre una tortuga hacia el reino del mar. Después de pasar un tiempo en las profundidades ruega a la diosa marina que le permita volver a casa. Ella se lo concede, pero le da una caja que no debe abrir nunca. A su regreso a casa descubre que su hogar ha cambiado y que nadie le conoce. Anhelando algún consuelo, abre la caja pero el encanto se rompe. Se convierte en un hombre muy viejo, porque no había pasado tres años en el mar, sino 300.

La zona de penumbra

ENTRE LAS AGUAS LUMINOSAS de la superficie del océano y las más negras profundidades hay una zona de penumbra entre 200 y 1.000 m bajo la superficie. Los peces que viven en esta zona de penumbra tienen a menudo filas de órganos fosforescentes en su parte inferior que les sirven de camuflaje frente a la luz escasa que se filtra desde arriba. Estas luces que resplandecen pueden ser producidas por reacciones químicas o por colonias de bacterias que viven en los órganos luminosos. Muchos animales, incluyendo algunos peces linterna y varios calamares, viven sólo durante el día en la zona de penumbra. Por la noche viajan hacia arriba para alimentarse en las aguas superficiales ricas en nutrientes. Así, corren menos riesgo y evitan a cazadores diurnos como las aves marinas. Otros, como el pez lanceta, permanecen siempre en la zona de penumbra comiendo cualquier alimento que encuentren. El estilizado pez lanceta tiene un estómago extensible, por lo que puede ingerir grandes cantidades de comida.

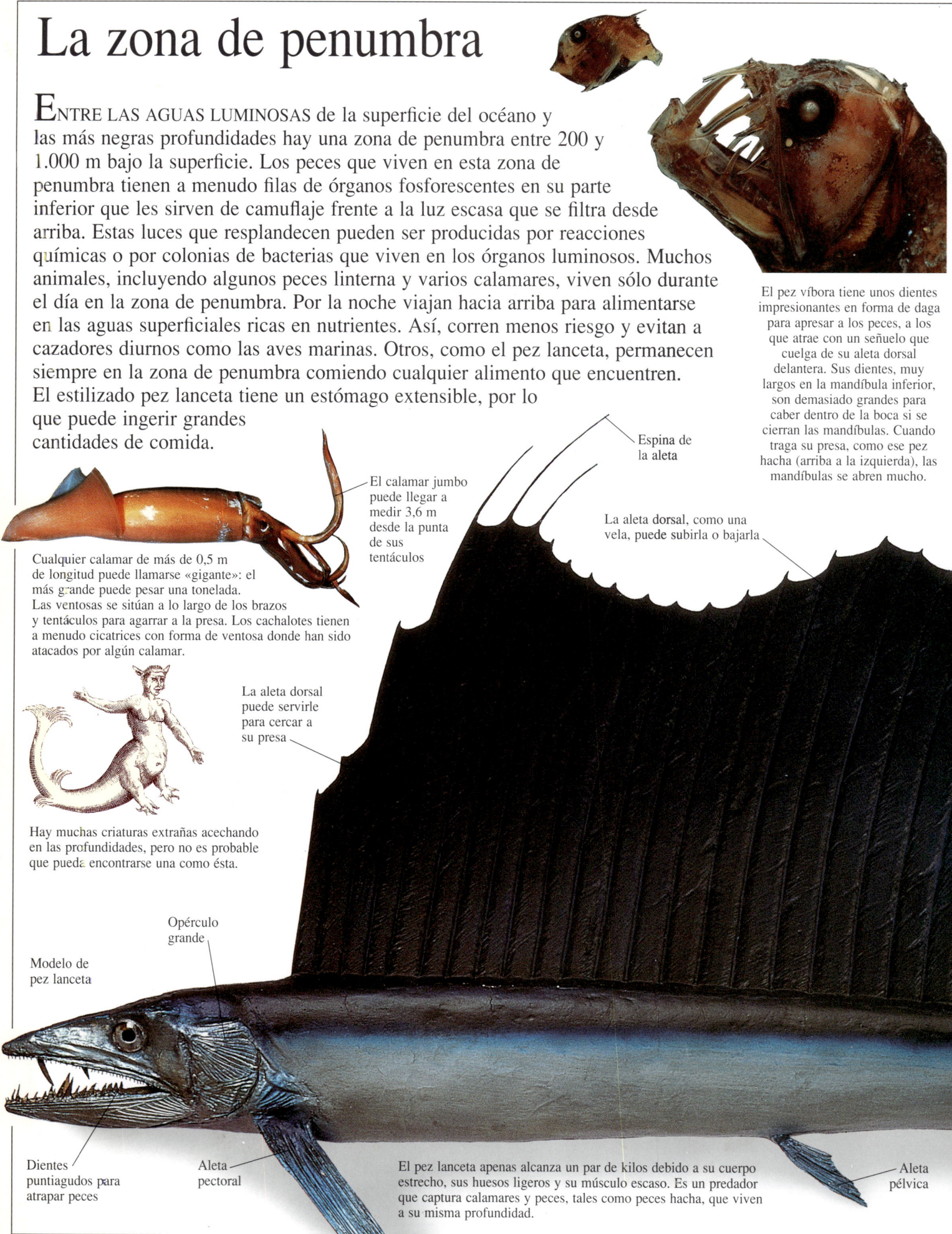

El pez víbora tiene unos dientes impresionantes en forma de daga para apresar a los peces, a los que atrae con un señuelo que cuelga de su aleta dorsal delantera. Sus dientes, muy largos en la mandíbula inferior, son demasiado grandes para caber dentro de la boca si se cierran las mandíbulas. Cuando traga su presa, como ese pez hacha (arriba a la izquierda), las mandíbulas se abren mucho.

El calamar jumbo puede llegar a medir 3,6 m desde la punta de sus tentáculos

Cualquier calamar de más de 0,5 m de longitud puede llamarse «gigante»: el más grande puede pesar una tonelada. Las ventosas se sitúan a lo largo de los brazos y tentáculos para agarrar a la presa. Los cachalotes tienen a menudo cicatrices con forma de ventosa donde han sido atacados por algún calamar.

La aleta dorsal puede servirle para cercar a su presa

Espina de la aleta

La aleta dorsal, como una vela, puede subirla o bajarla

Hay muchas criaturas extrañas acechando en las profundidades, pero no es probable que pueda encontrarse una como ésta.

Modelo de pez lanceta

Opérculo grande

Dientes puntiagudos para atrapar peces

Aleta pectoral

El pez lanceta apenas alcanza un par de kilos debido a su cuerpo estrecho, sus huesos ligeros y su músculo escaso. Es un predador que captura calamares y peces, tales como peces hacha, que viven a su misma profundidad.

Aleta pélvica

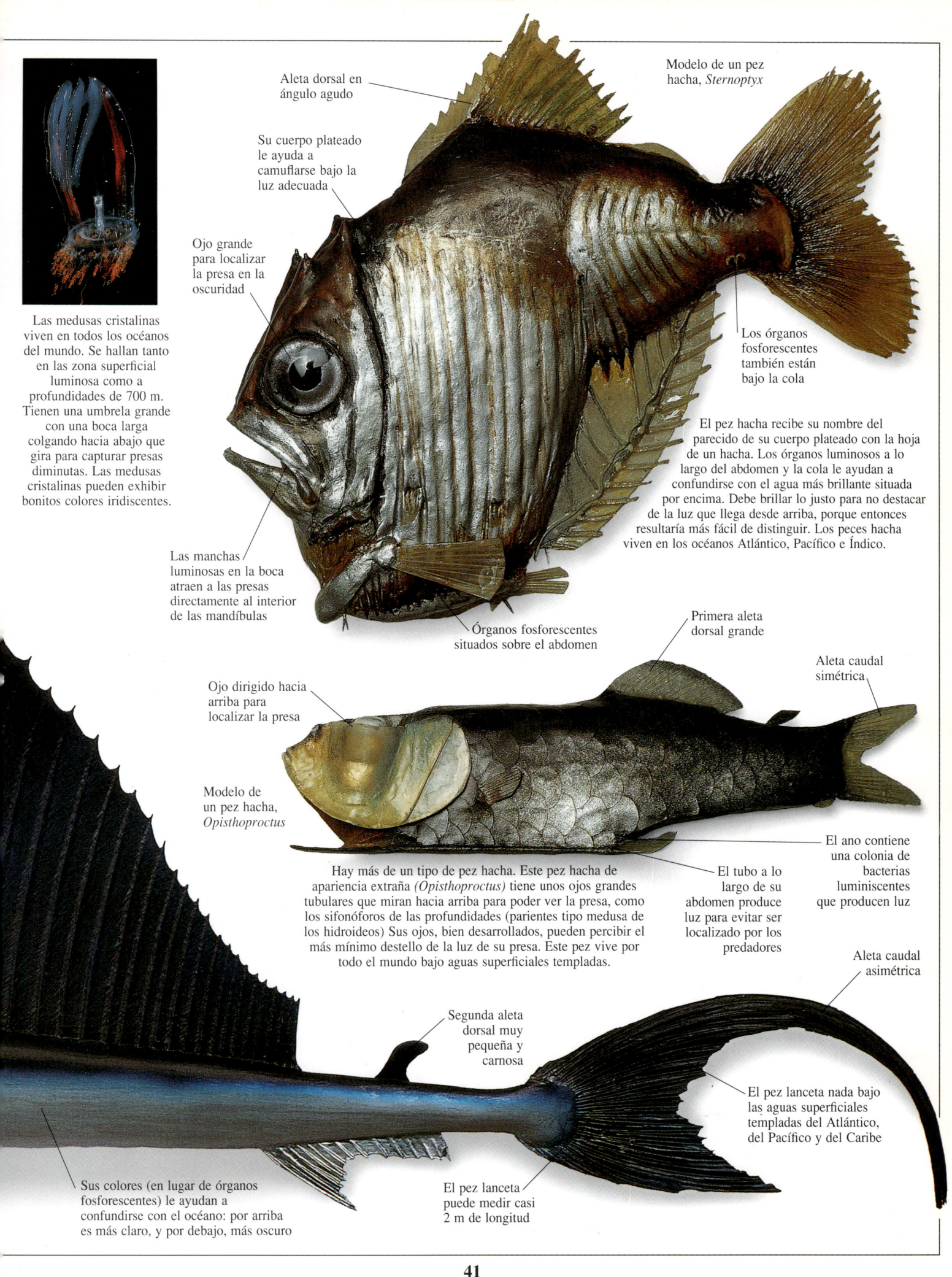

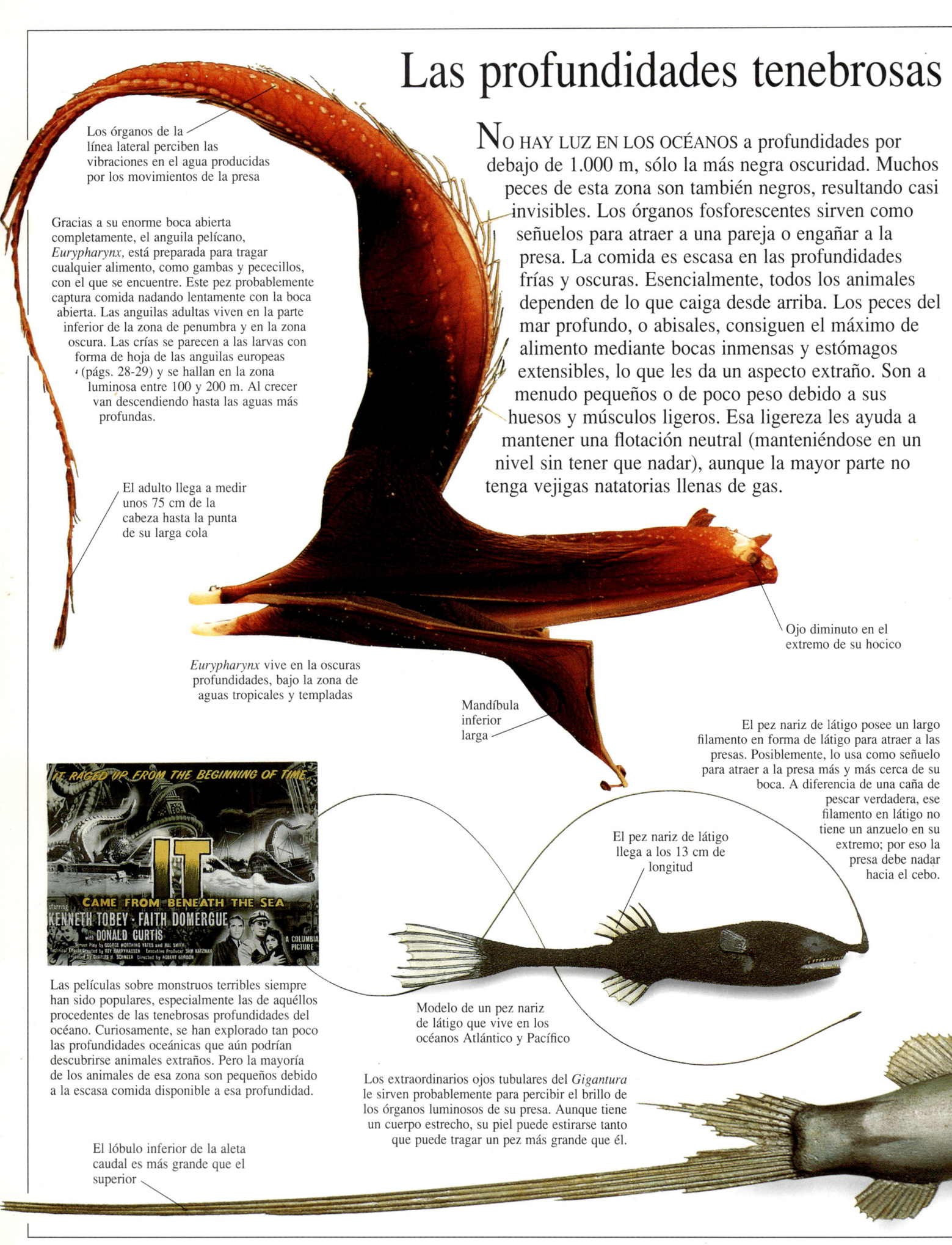

Las profundidades tenebrosas

No HAY LUZ EN LOS OCÉANOS a profundidades por debajo de 1.000 m, sólo la más negra oscuridad. Muchos peces de esta zona son también negros, resultando casi invisibles. Los órganos fosforescentes sirven como señuelos para atraer a una pareja o engañar a la presa. La comida es escasa en las profundidades frías y oscuras. Esencialmente, todos los animales dependen de lo que caiga desde arriba. Los peces del mar profundo, o abisales, consiguen el máximo de alimento mediante bocas inmensas y estómagos extensibles, lo que les da un aspecto extraño. Son a menudo pequeños o de poco peso debido a sus huesos y músculos ligeros. Esa ligereza les ayuda a mantener una flotación neutral (manteniéndose en un nivel sin tener que nadar), aunque la mayor parte no tenga vejigas natatorias llenas de gas.

Los órganos de la línea lateral perciben las vibraciones en el agua producidas por los movimientos de la presa

Gracias a su enorme boca abierta completamente, el anguila pelícano, *Eurypharynx,* está preparada para tragar cualquier alimento, como gambas y pececillos, con el que se encuentre. Este pez probablemente captura comida nadando lentamente con la boca abierta. Las anguilas adultas viven en la parte inferior de la zona de penumbra y en la zona oscura. Las crías se parecen a las larvas con forma de hoja de las anguilas europeas (págs. 28-29) y se hallan en la zona luminosa entre 100 y 200 m. Al crecer van descendiendo hasta las aguas más profundas.

El adulto llega a medir unos 75 cm de la cabeza hasta la punta de su larga cola

Eurypharynx vive en la oscuras profundidades, bajo la zona de aguas tropicales y templadas

Ojo diminuto en el extremo de su hocico

Mandíbula inferior larga

El pez nariz de látigo posee un largo filamento en forma de látigo para atraer a las presas. Posiblemente, lo usa como señuelo para atraer a la presa más y más cerca de su boca. A diferencia de una caña de pescar verdadera, ese filamento en látigo no tiene un anzuelo en su extremo; por eso la presa debe nadar hacia el cebo.

El pez nariz de látigo llega a los 13 cm de longitud

Las películas sobre monstruos terribles siempre han sido populares, especialmente las de aquéllos procedentes de las tenebrosas profundidades del océano. Curiosamente, se han explorado tan poco las profundidades oceánicas que aún podrían descubrirse animales extraños. Pero la mayoría de los animales de esa zona son pequeños debido a la escasa comida disponible a esa profundidad.

Modelo de un pez nariz de látigo que vive en los océanos Atlántico y Pacífico

Los extraordinarios ojos tubulares del *Gigantura* le sirven probablemente para percibir el brillo de los órganos luminosos de su presa. Aunque tiene un cuerpo estrecho, su piel puede estirarse tanto que puede tragar un pez más grande que él.

El lóbulo inferior de la aleta caudal es más grande que el superior

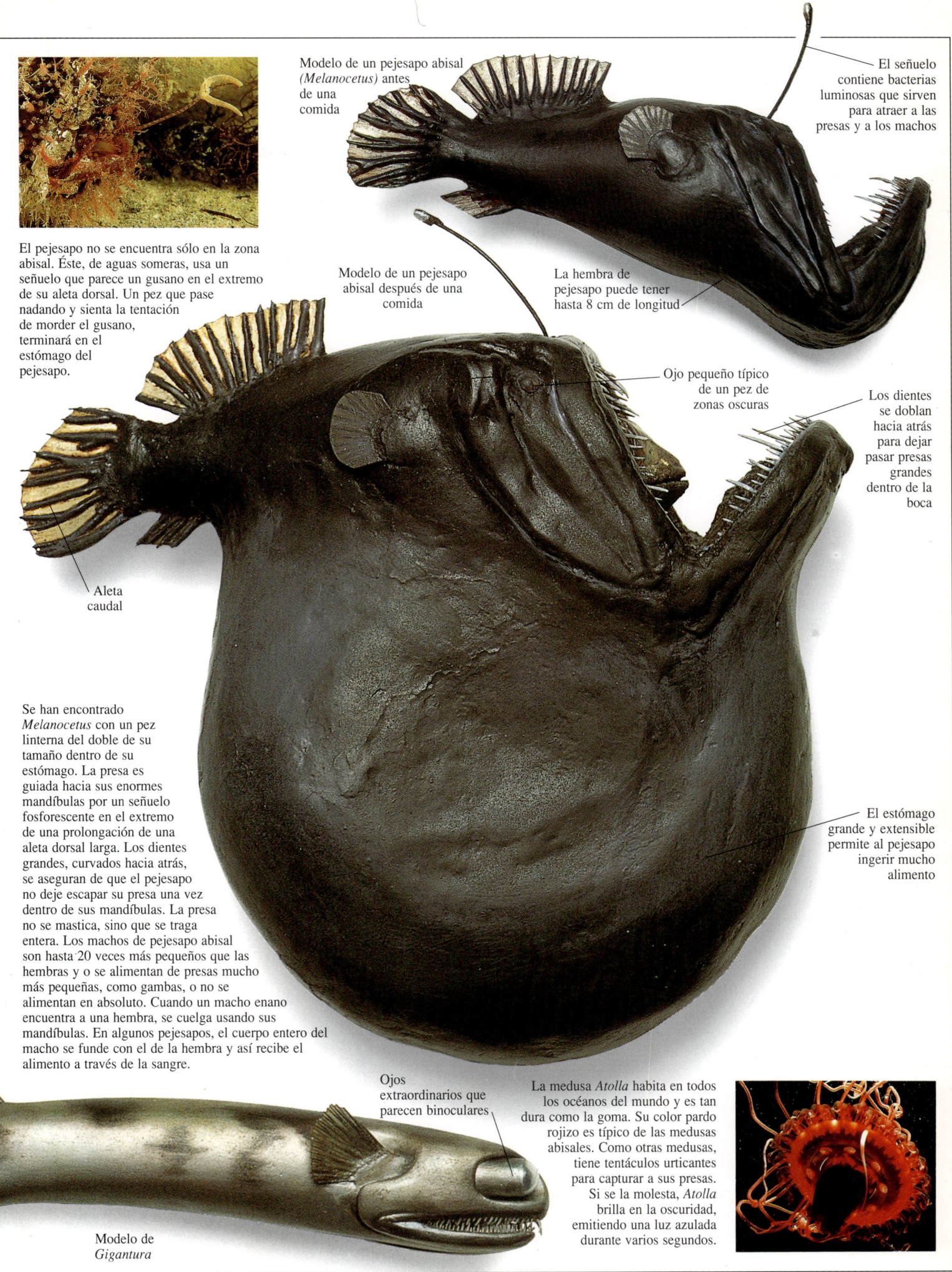

Modelo de un pejesapo abisal (*Melanocetus*) antes de una comida

El señuelo contiene bacterias luminosas que sirven para atraer a las presas y a los machos

El pejesapo no se encuentra sólo en la zona abisal. Éste, de aguas someras, usa un señuelo que parece un gusano en el extremo de su aleta dorsal. Un pez que pase nadando y sienta la tentación de morder el gusano, terminará en el estómago del pejesapo.

Modelo de un pejesapo abisal después de una comida

La hembra de pejesapo puede tener hasta 8 cm de longitud

Ojo pequeño típico de un pez de zonas oscuras

Los dientes se doblan hacia atrás para dejar pasar presas grandes dentro de la boca

Aleta caudal

Se han encontrado *Melanocetus* con un pez linterna del doble de su tamaño dentro de su estómago. La presa es guiada hacia sus enormes mandíbulas por un señuelo fosforescente en el extremo de una prolongación de una aleta dorsal larga. Los dientes grandes, curvados hacia atrás, se aseguran de que el pejesapo no deje escapar su presa una vez dentro de sus mandíbulas. La presa no se mastica, sino que se traga entera. Los machos de pejesapo abisal son hasta 20 veces más pequeños que las hembras y o se alimentan de presas mucho más pequeñas, como gambas, o no se alimentan en absoluto. Cuando un macho enano encuentra a una hembra, se cuelga usando sus mandíbulas. En algunos pejesapos, el cuerpo entero del macho se funde con el de la hembra y así recibe el alimento a través de la sangre.

El estómago grande y extensible permite al pejesapo ingerir mucho alimento

Modelo de *Gigantura*

Ojos extraordinarios que parecen binoculares

La medusa *Atolla* habita en todos los océanos del mundo y es tan dura como la goma. Su color pardo rojizo es típico de las medusas abisales. Como otras medusas, tiene tentáculos urticantes para capturar a sus presas. Si se la molesta, *Atolla* brilla en la oscuridad, emitiendo una luz azulada durante varios segundos.

En el fondo

EL SUELO DEL OCÉANO ABISAL no es un lugar fácil para vivir. Hay poco alimento y es frío y oscuro. La mayor parte del lecho marino está cubierto de arcillas blandas o limos formados por esqueletos de animales y plantas marinos diminutos. El limo, en las extensas llanuras abisales abiertas, puede alcanzar varios cientos de metros de espesor. Los animales que merodean por el fondo tienen patas largas para evitar hundirse en él. Algunos viven anclados al lecho marino y poseen tallos largos para mantener libres de limo las estructuras que obtienen el alimento. Las partículas nutritivas pueden filtrarse del agua; por ejemplo, por los brazos plumosos de los lirios de mar o a través de los numerosos poros de las esponjas. Algunos animales como las holoturias se alimentan en el lecho marino y se las arreglan para obtener entre el limo lo necesario de las partículas nutritivas. Esas partículas son restos de animales muertos (y de sus heces) y de plantas caídas desde más arriba. A veces, un cadáver más grande llega al fondo sin haber sido descarnado, lo que supone una verdadera suerte para los habitantes móviles del fondo que se acercan de todos lados. Debido a la escasez de comida y a las bajas temperaturas, la mayor parte de los animales abisales tardan mucho en crecer.

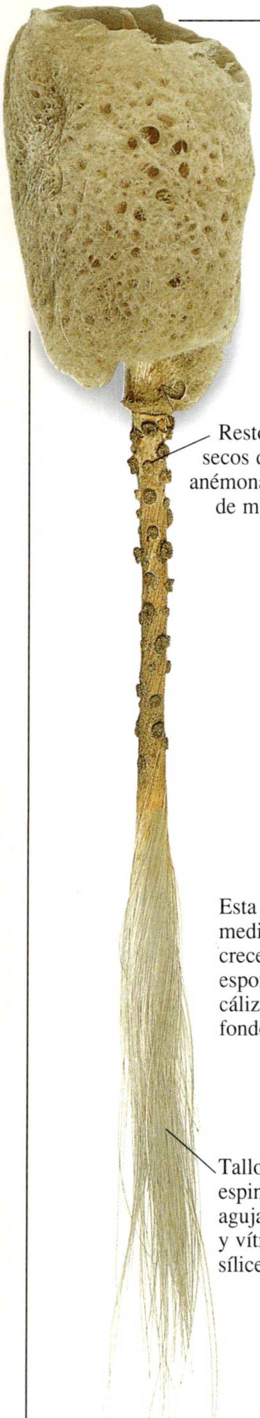

Los cables submarinos se tendieron atravesando el océano Atlántico para transmitir mensajes telegráficos, hacia 1870

Restos secos de anémonas de mar

Esta esponja vive anclada en el blando lecho marino mediante su tallo de filamentos vítreos, y las anémonas crecen a menudo sobre esos tallos. Cuando una esponja de cuerda vítrea muere, la parte con forma de cáliz desaparece y sólo queda el tallo clavado en el fondo.

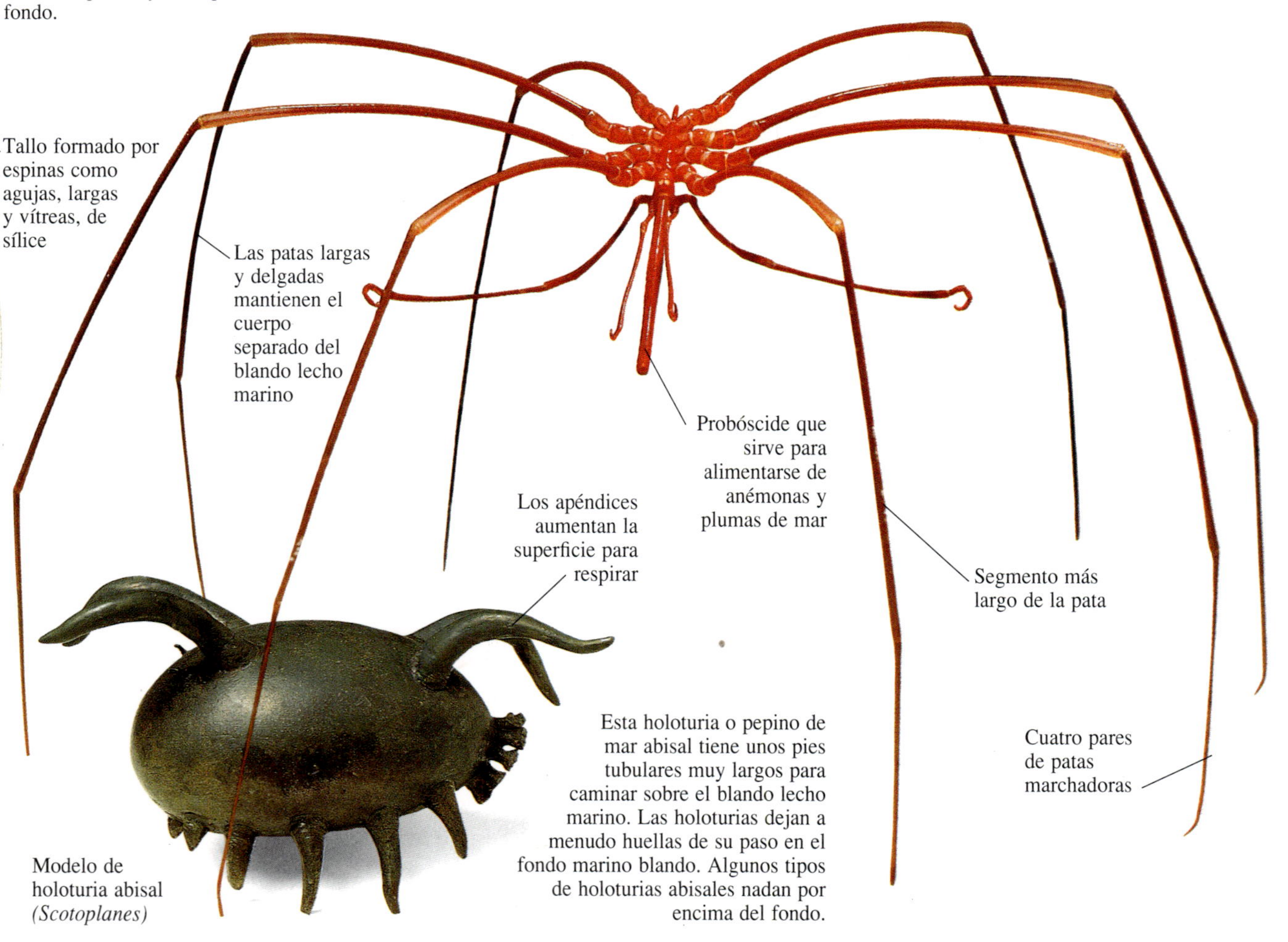

Parecidas a las arañas terrestres, las arañas de mar pertenecen al grupo de los picnogónidos. Algunas arañas abisales tienen una envergadura de patas de 60 cm de diámetro y pueden moverse sin producir nubes de partículas. También pueden nadar, separándose del fondo, elevando sus patas hacia arriba y hundiéndose de nuevo.

Tallo formado por espinas como agujas, largas y vítreas, de sílice

Las patas largas y delgadas mantienen el cuerpo separado del blando lecho marino

Los apéndices aumentan la superficie para respirar

Probóscide que sirve para alimentarse de anémonas y plumas de mar

Segmento más largo de la pata

Cuatro pares de patas marchadoras

Esta holoturia o pepino de mar abisal tiene unos pies tubulares muy largos para caminar sobre el blando lecho marino. Las holoturias dejan a menudo huellas de su paso en el fondo marino blando. Algunos tipos de holoturias abisales nadan por encima del fondo.

Modelo de holoturia abisal *(Scotoplanes)*

Los ejemplares traídos de las profundidades se secan para conservarlos

Los quebradizos brazos de la estrella se enroscan alrededor de la pluma de mar buscando apoyo

Los lirios marinos usan sus brazos plumosos para atrapar partículas alimenticias del agua. Muchos tipos de lirios marinos viven en el suelo abisal en las fosas, desde 100 hasta más de 8.000 m de profundidad. Algunos tienen raíces y tallos anclados al lecho marino, mientras que los que tienen coronas de cirros rodeando sus tallos pueden moverse usando sus brazos, arrastrando el tallo por detrás. Los cirros a lo largo del tallo funcionan como apoyo y los de la base del tallo se aferran al fondo.

Grabado de un lirio abisal

Ejemplares secos de ofiuras abisales *(Asteronyx loveni)*

Los brazos largos pueden atrapar la comida que pasa flotando en el agua

El tallo de una pluma de mar crece por encima del fondo marino

Los tsunamis no están causados por las mareas. Tienen su origen en terremotos o erupciones del fondo del mar que envían ondas de choque a través del agua. Viajan por el mar abierto a gran velocidad y las olas no son más altas de 0,5 m. Cuando están cerca de la costa, se elevan hasta formar muros de agua que pueden originar grandes catástrofes en tierra.

Los esqueletos vítreos de las esponjas regadera de Filipinas se han admirado desde hace tiempo por su belleza. Los japoneses los consideraban como símbolos de la felicidad matrimonial porque a menudo se encontraban parejas de gambas en su interior. Una esponja viva no es tan atractiva porque está recubierta de tejidos blandos. La mayor parte de las esponjas vítreas viven en aguas profundas, pero algunas viven en aguas poco profundas de la región polar.

La abertura de la esponja está cubierta de una placa filtradora

Esqueleto vítreo

Estas ofiuras abisales se encuentran a menudo enrolladas alrededor de plumas marinas sobre el fondo oceánico. Usan sus brazos largos como serpientes para aferrarse a una pluma de mar y para alimentarse de seres pequeños que pasan flotando. Trepar por encima del fondo representa una mejor oportunidad de obtener el alimento. Las ofiuras y las plumas de mar son habitantes comunes de los fondos, desde las aguas someras hasta las profundidades oceánicas, en todo el mundo. Esta ofiura abisal vive a profundidades de 100 hasta 1.800 m.

Composición victoriana de una regadera de Filipinas *(Euplectella aspergillium)*

Surtidores y chimeneas

EN ZONAS DEL SUELO OCEÁNICO hay fracturas de las que borbotea agua muy caliente y rica en minerales. Esas chimeneas o géiseres existen en los centros de expansión donde las placas gigantescas que constituyen la corteza terrestre se están separando. El agua fría se hunde por las fracturas de la corteza y allí se calienta, recogiendo los minerales disueltos. A temperaturas superiores a los 400 °C, el agua caliente se expulsa y algunos minerales se depositan formando chimeneas. El agua caliente que procede de los surtidores contribuye al crecimiento de las bacterias, que fabrican nutrientes a partir del sulfuro de hidrógeno en el agua. Animales extraordinarios se apiñan alrededor de las fracturas y dependen de esos microbios para alimentarse. A finales de los años setenta, los científicos utilizaron submarinos para descubrir las primeras comunidades de los surtidores del Pacífico. Desde entonces se han descubierto surtidores en otros centros de expansión en el Pacífico y la dorsal atlántica.

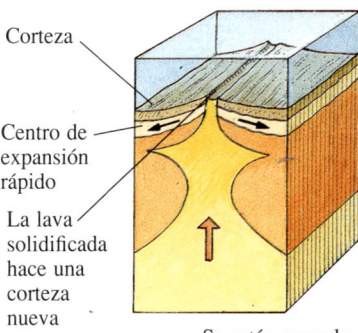

Se están creando continuamente nuevas áreas de suelo oceánico en los centros de expansión entre dos placas de la corteza. Cuando emerge la roca fundida, o lava, muy caliente de entre la corteza, se enfría y solidifica añadiendo materia a los bordes de las dos placas adyacentes. Las zonas de suelo oceánico antiguo se destruyen donde una placa se desliza bajo otra. La lava de las erupciones volcánicas en los centros de expansión puede hacer desaparecer las comunidades de animales en torno a los surtidores.

Los animales pueden cocerse si se acercan demasiado a un surtidor de agua caliente

La vida animal abunda en torno a un surtidor activo, como éste de la dorsal atlántica. Si el surtidor deja de producir agua caliente rica en azufre la comunidad está condenada. Los animales de surtidores que se apagan tienen que colonizar uno nuevo, quizás a varios cientos de kilómetros a través de un fondo marino frío y casi desprovisto de alimentos.

Nubes de agua caliente ricas en azufre, venenoso para la mayoría de los animales

Gran número de animales se apiña alrededor de un surtidor

Los peces predadores mordisquean los extremos de los tubos de los gusanos tubícolas

La almejas gigantes del este del Pacífico pueden llegar a los 30 cm de longitud

Algunos animales pastan las capas de bacteria que cubren las rocas cerca de los surtidores

Modelo de surtidores termales del este del Pacífico.

Pez abisal fotografiado desde el *Alvin* cerca de un surtidor en la cordillera central atlántica

Chimenea que puede alcanzar los 10 m

El *Alvin* cerca del buque de apoyo *Atlantis II*

Chimenea formada por el depósito de minerales

El sumergible norteamericano *Alvin* fue el primero en llevar a los científicos bajo el agua para observar la vida marina cerca de los surtidores de las Galápagos, en el este del Pacífico, en los años 70. Desde entonces, el *Alvin* ha realizado muchas inmersiones a surtidores por todo el mundo, a profundidades de 3.800 m. Otros submarinos que se han sumergido en zonas de surtidores son el francés *Nautile* (págs. 54-55) y los rusos *Mirs I* y *II*.

Este modelo muestra las comunidades de los surtidores en el este del Pacífico, donde las almejas gigantes y los gusanos tubícolas son los animales más característicos. Los surtidores en otras partes del mundo tienen diferentes grupos de animales, como los caracoles peludos de la fosa de las Marianas o las gambas sin ojos de los surtidores a lo largo de la dorsal atlántica.

El gusano tubícola puede crecer hasta los 3 m de longitud

El gusano tubícola gigante tiene bacterias en el interior de su cuerpo que le suministran alimento

Buzos de ayer y hoy

El tubo conector suministra aire y la electricidad para la iluminación

Cinturón de pesas

Este submarinista, que lleva un traje impermeable para abrigarse, obtiene aire dentro del casco mediante un cable unido a la superficie. Lleva un arnés alrededor de su cintura con herramientas. Las botas flexibles le ayudan a encaramarse bajo una instalación de petróleo.

LOS SERES HUMANOS SIEMPRE han querido explorar el mar para buscar tesoros hundidos, rescatar pecios, traer productos marinos como perlas o esponjas, o contemplar la belleza del mundo submarino. Recientemente la prospección de petróleo submarino y las perforaciones han necesitado también de los buzos. El primer equipo de buceo consistía en campanas sencillas, que contenían aire y estaban abiertas por abajo para que el buzo pudiera trabajar en el fondo marino. Más tarde, se inventaron los trajes de buceo con cascos resistentes para permitir a los buzos bajar a más profundidad y permanecer más tiempo, con aire bombeado continuamente hacia abajo desde la superficie. En los años 40, aparece el moderno submarinista, que llevaba consigo su propio suministro de aire comprimido en bombonas sobre su espalda.

La cuerda conecta la campana a la superficie

Campana de madera

Pesos

En 1690, Edmund Halley inventó una campana de buceo que permitía que el buzo pudiera disponer de aire en barriles que se bajaban desde la superficie. Estaba abierta por el fondo y anclada al lecho marino con pesas. Un tubo de cuero conectaba el barril de aire recubierto de plomo a la campana de madera. Se usaba a profundidades de 18 m, y varios buzos podían trabajar a la vez desde la campana.

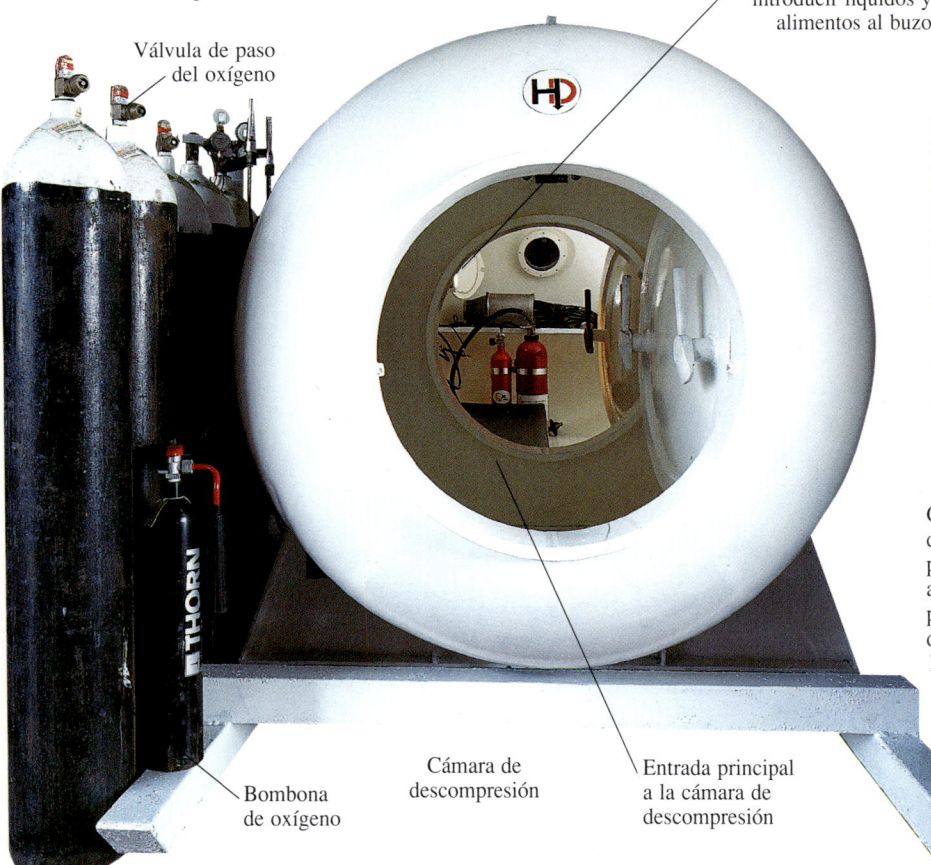

Válvula de paso del oxígeno

«Puerta médica» para introducir líquidos y alimentos al buzo

Dolores en las articulaciones son indicio del mal de descompresión

Bombona de oxígeno

Cámara de descompresión

Entrada principal a la cámara de descompresión

Cuando se bucea, la presión corporal aumenta debido al peso del agua sobre el buzo. El aire se suministra a la misma presión para que el buzo pueda respirarlo. A esta presión más alta, el nitrógeno del aire (el aire tiene un 80 % de nitrógeno) pasa a la sangre. Si un buzo sube demasiado deprisa después de una inmersión larga o profunda, la rápida disminución de la presión puede hacer que el nitrógeno forme burbujas en la sangre y en los tejidos. Esta situación dolorosa y a veces fatal se llama «mal de descompresión». Se trata al buzo afectado en una cámara de descompresión. La presión se eleva al nivel necesario para eliminar las burbujas a través de los pulmones y después se disminuye lentamente hasta la presión normal de la superficie.

Máquinas submarinas

LOS PRIMEROS SUBMARINOS tenían diseños sencillos. Permitían viajar bajo el agua y eran útiles en las guerras. Los submarinos más modernos usaban gasóleo o gasolina cuando estaban en la superficie y sumergidos funcionaban con baterías. En 1955, el primer submarino con energía nuclear cruzó los océanos. La energía nuclear permitía a los submarinos viajar grandes distancias sin tener que repostar. En la actualidad, los submarinos tienen sistemas de sónar sofisticados para navegar bajo el agua y localizar otros buques. Pueden transportar torpedos de gran potencia para disparar a naves enemigas o misiles nucleares. Los sumergibles o batiscafos (submarinos muy pequeños) se usan para explorar el suelo abisal y no pueden desplazarse grandes distancias. Tienen que ser bajados desde un barco nodriza.

- Torreta para renovar y expulsar el aire con ayuda de los fuelles
- Broca para perforar en el barco enemigo y sujetar la mina a una cuerda
- Mina de acción retardada
- Propulsor vertical
- El propulsor lateral funciona a pedales

Un submarino uniplaza, el *Tortuga*, se usó durante la Guerra de Independencia norteamericana en 1776 para adosar una mina de acción retardada al barco inglés que bloqueaba la bahía de Nueva York. El operador se desorientó debido al dióxido de carbono acumulado en el interior del *Tortuga* y la mina estalló en el metal, en lugar de en el casco de madera del barco. Tanto el barco como el operador sobrevivieron, pero la mina fue abandonada.

Inspirado en la invención de los submarinos modernos, este grabado de 1900 muestra una escena del año 2000 con pasajeros de un submarino de línea disfrutando del viaje. En cierto modo, la predicción se ha hecho realidad ya que los turistas pueden ahora hacer viajes en submarinos pequeños para ver la vida marina en sitios como el mar Rojo. Sin embargo, la mayoría explora el mundo submarino aprendiendo a bucear como hombres rana.

- Barra de dirección externa manejada por el buzo
- Posición de dirección interna
- Bomba de mano para presurizar el depósito de aire y vaciar los tanques de lastre
- Ruedas delanteras más pequeñas que las traseras para facilitar el giro

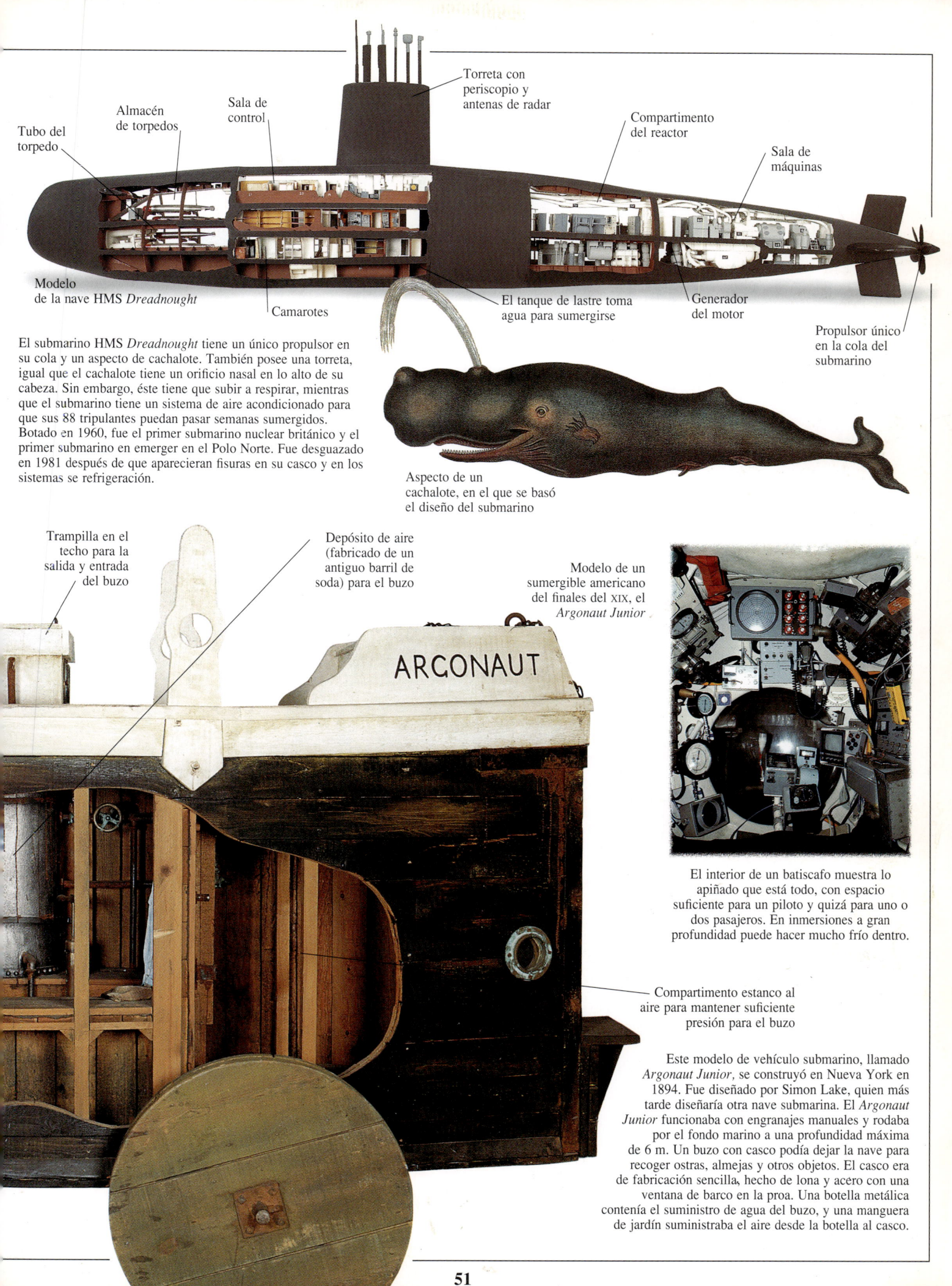

Tubo del torpedo

Almacén de torpedos

Sala de control

Torreta con periscopio y antenas de radar

Compartimento del reactor

Sala de máquinas

Modelo de la nave HMS *Dreadnought*

Camarotes

El tanque de lastre toma agua para sumergirse

Generador del motor

Propulsor único en la cola del submarino

El submarino HMS *Dreadnought* tiene un único propulsor en su cola y un aspecto de cachalote. También posee una torreta, igual que el cachalote tiene un orificio nasal en lo alto de su cabeza. Sin embargo, éste tiene que subir a respirar, mientras que el submarino tiene un sistema de aire acondicionado para que sus 88 tripulantes puedan pasar semanas sumergidos. Botado en 1960, fue el primer submarino nuclear británico y el primer submarino en emerger en el Polo Norte. Fue desguazado en 1981 después de que aparecieran fisuras en su casco y en los sistemas se refrigeración.

Aspecto de un cachalote, en el que se basó el diseño del submarino

Trampilla en el techo para la salida y entrada del buzo

Depósito de aire (fabricado de un antiguo barril de soda) para el buzo

Modelo de un sumergible americano del finales del XIX, el *Argonaut Junior*

El interior de un batiscafo muestra lo apiñado que está todo, con espacio suficiente para un piloto y quizá para uno o dos pasajeros. En inmersiones a gran profundidad puede hacer mucho frío dentro.

Compartimento estanco al aire para mantener suficiente presión para el buzo

Este modelo de vehículo submarino, llamado *Argonaut Junior,* se construyó en Nueva York en 1894. Fue diseñado por Simon Lake, quien más tarde diseñaría otra nave submarina. El *Argonaut Junior* funcionaba con engranajes manuales y rodaba por el fondo marino a una profundidad máxima de 6 m. Un buzo con casco podía dejar la nave para recoger ostras, almejas y otros objetos. El casco era de fabricación sencilla, hecho de lona y acero con una ventana de barco en la proa. Una botella metálica contenía el suministro de agua del buzo, y una manguera de jardín suministraba el aire desde la botella al casco.

Exploradores del océano

Microscopio usado por un biólogo marino en Escocia a finales del XIX.

Grabado de 1900 de un autobús submarino del año 2000

EL OCÉANO HA SIDO SIEMPRE un lugar misterioso que apenas deja ver algo en la superficie. Los primeros sondeos de profundidad consistieron en dejar caer un peso de plomo unido a una cuerda hasta que tocase fondo. Los ecosondeos, inventados durante la Primera Guerra Mundial, consistían en pulsos únicos de sonido que rebotaban en el fondo marino. Esto condujo a sistemas de sónar cada vez más sofisticados tales como el GLORIA. Durante siglos todo lo que se sabía de la vida marina de las profundidades era a través de los seres que se recogían en las redes de los pescadores y los arrojados a la playa. La expedición del barco HMS *Challenger* de 1870 emprendió arrastres en zonas profundas que mostraron finalmente que el océano profundo contenía seres vivos. La invención de batiscafos tripulados permitía la observación directa del suelo y la vida que alberga. En los últimos 20 años se han descubierto comunidades nuevas y sorprendentes alrededor de los géiseres del suelo marino y, por otro lado, los estudios de las zonas de aguas someras se han beneficiado de los equipos de submarinistas y hombres rana (págs. 48-49). A pesar de todos estos métodos modernos, quién sabe aún qué misterios guarda el océano en lo mucho que queda todavía por explorar.

GLORIA, acrónimo en inglés de sónar geológico de largo rango inclinado, se ha usado durante más de 20 años para inspeccionar el suelo oceánico, registrando más del 5 % de los océanos mundiales. El cuerpo con forma de torpedo del GLORIA tiene 8 m de longitud y pesa unas 2 toneladas. En la cubierta del barco nodriza, el GLORIA está fijado a un soporte especial que se usa también para lanzarlo al agua.

Tambor del cable

El GLORIA es remolcado por la nariz

Dentro del GLORIA hay dos filas de transductores que emiten sonidos (pulsos de sónar)

El tubo forrado, de 400 m de longitud, contiene un cable eléctrico para enviar y recibir señales

El sistema hidráulico del soporte lanza al GLORIA al agua

Para inspeccionar el fondo del mar, el GLORIA se arrastra detrás del barco nodriza navegando a una velocidad de 10 nudos. El GLORIA emite pulsos de sonido que se expanden a través del fondo hasta 30 km a cada lado. Luego, recoge los ecos que rebotan de los relieves del fondo y son procesados por los ordenadores de a bordo para realizar mapas del fondo marino. Estos mapas ayudan a identificar peligros, a determinar rutas para tender cables submarinos y en la exploración minera.

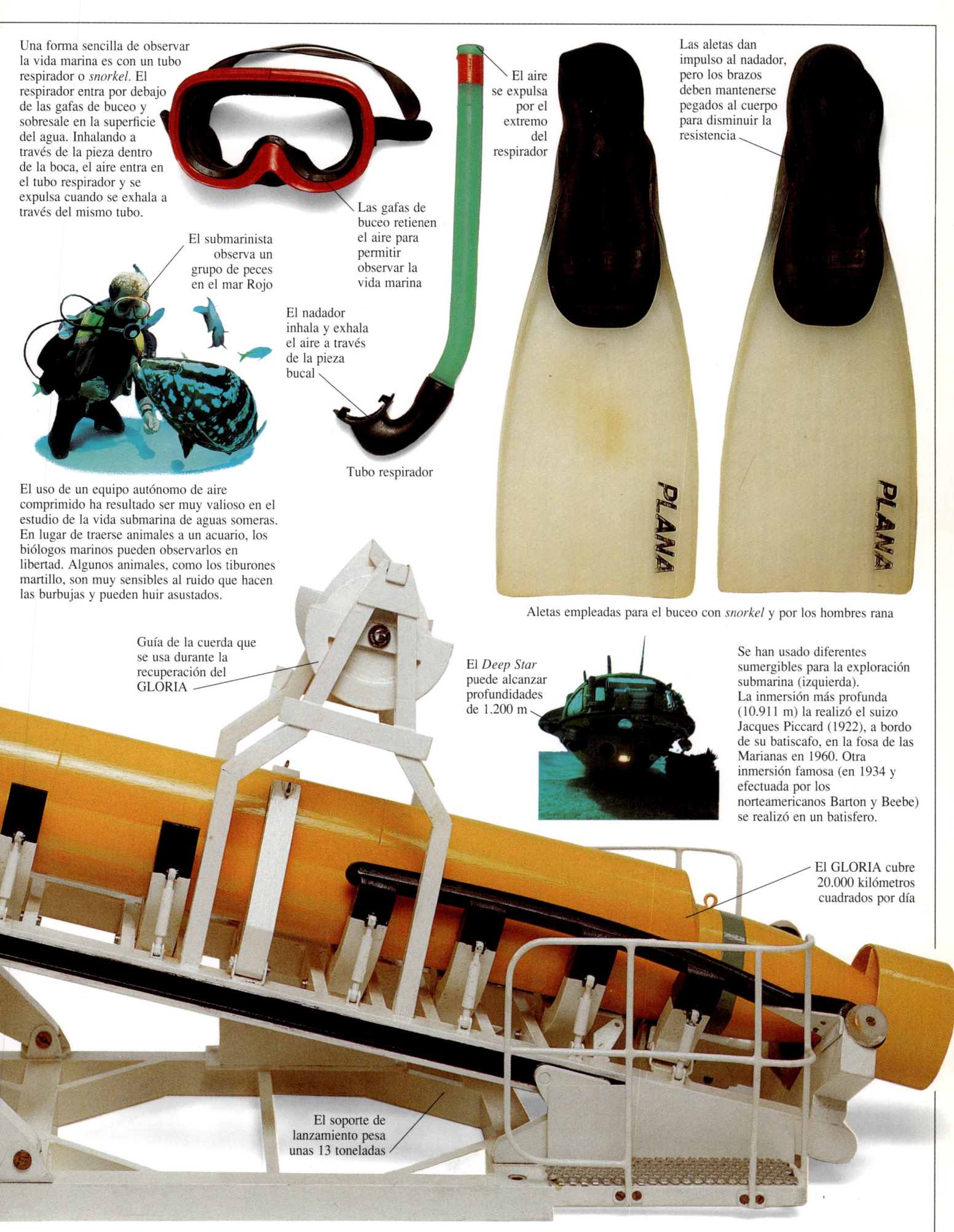

Una forma sencilla de observar la vida marina es con un tubo respirador o *snorkel*. El respirador entra por debajo de las gafas de buceo y sobresale en la superficie del agua. Inhalando a través de la pieza dentro de la boca, el aire entra en el tubo respirador y se expulsa cuando se exhala a través del mismo tubo.

El submarinista observa un grupo de peces en el mar Rojo

El aire se expulsa por el extremo del respirador

Las gafas de buceo retienen el aire para permitir observar la vida marina

El nadador inhala y exhala el aire a través de la pieza bucal

Las aletas dan impulso al nadador, pero los brazos deben mantenerse pegados al cuerpo para disminuir la resistencia

Tubo respirador

El uso de un equipo autónomo de aire comprimido ha resultado ser muy valioso en el estudio de la vida submarina de aguas someras. En lugar de traerse animales a un acuario, los biólogos marinos pueden observarlos en libertad. Algunos animales, como los tiburones martillo, son muy sensibles al ruido que hacen las burbujas y pueden huir asustados.

Aletas empleadas para el buceo con *snorkel* y por los hombres rana

Guía de la cuerda que se usa durante la recuperación del GLORIA

El *Deep Star* puede alcanzar profundidades de 1.200 m

Se han usado diferentes sumergibles para la exploración submarina (izquierda). La inmersión más profunda (10.911 m) la realizó el suizo Jacques Piccard (1922), a bordo de su batiscafo, en la fosa de las Marianas en 1960. Otra inmersión famosa (en 1934 y efectuada por los norteamericanos Barton y Beebe) se realizó en un batisfero.

El GLORIA cubre 20.000 kilómetros cuadrados por día

El soporte de lanzamiento pesa unas 13 toneladas

Pecios del fondo del mar

DESDE QUE EL SER HUMANO empezó a navegar ha habido pecios o restos de naufragios en el fondo marino. El lodo y la arena cubren los barcos de madera, conservándolos durante siglos. Este sedimento protege la carpintería y la mantiene a salvo del oxígeno que acelera la destrucción. Los barcos de casco metálico se oxidan en el agua marina. El casco de acero del *Titanic* podría desintegrarse en cien años. Los pecios en aguas someras se cubren de plantas y animales convirtiéndose en arrecifes vivientes. Aparte de los animales, como corales o esponjas que crecen en el exterior, los peces se cobijan en el interior como si se tratase de una cueva marina. Los naufragios y sus objetos dicen mucho acerca de la vida en el pasado, pero los arqueólogos deben primero inspeccionarlos cuidadosamente. Los objetos rescatados se limpian de sal y a veces se tratan con sustancias para conservarlos. Los buscadores de tesoros, desgraciadamente, pueden causar mucho daño.

Moneda de plata menos valiosa

El oro está entre los tesoros más buscados. Estas monedas españolas, muy deseadas por los piratas, terminaban a menudo en el fondo del mar cuando el barco se hundía.

Equipo de sónar

La esfera de titanio protege a los tripulantes

El sumergible francés *Nautile* recuperó objetos del fondo marino alrededor del naufragio del *Titanic*. Cuando el barco se hundió, se partió en dos, desperdigándose los objetos por una zona extensa. Sólo un sumergible podía bajar a una profundidad suficiente para llegar al *Titanic*, a 3.780 m. Con espacio para sólo tres personas (piloto, copiloto y un observador) que se sentaban en una esfera fabricada de titanio que les protegía de la enorme presión a esa profundidad. Ojos de buey curvados de plexiglas, de gran grosor, se aplanan a esa profundidad a causa de la presión. El viaje al lugar del naufragio dura alrededor de una hora y media, y el *Nautile* puede permanecer allí ocho horas.

Luces para la cámara de vídeo

Brazo operador para recoger objetos del fondo marino

En 1892, los buzos trabajaron en los restos del remolcador *L'Abeille*, que se hundió en Le Havre, Francia. Durante siglos, se han rescatado pecios para recuperar objetos valiosos.

Muchos objetos recuperados del *Titanic* no eran valiosos, sino objetos de uso diario a bordo. Los efectos personales, como botones o cubertería, nos recuerdan a los que murieron.

En 1912, el *Titanic* inició su singladura desde Inglaterra hacia Nueva York en su viaje inaugural. Debido a los compartimentos estancos al agua de su casco se le consideraba insumergible, pero un iceberg chocó con él a los cuatro días de viaje. Tardó dos horas y cuarenta minutos en hundirse y sólo 705 personas se salvaron del total de 2.228. Fue descubierto en 1985 por un equipo franco-norteamericano mediante el empleo de equipo de vídeo de control remoto. Los sumergibles *Alvin* (EE UU) y *Mir* (Rusia) han descendido al lugar del naufragio después.

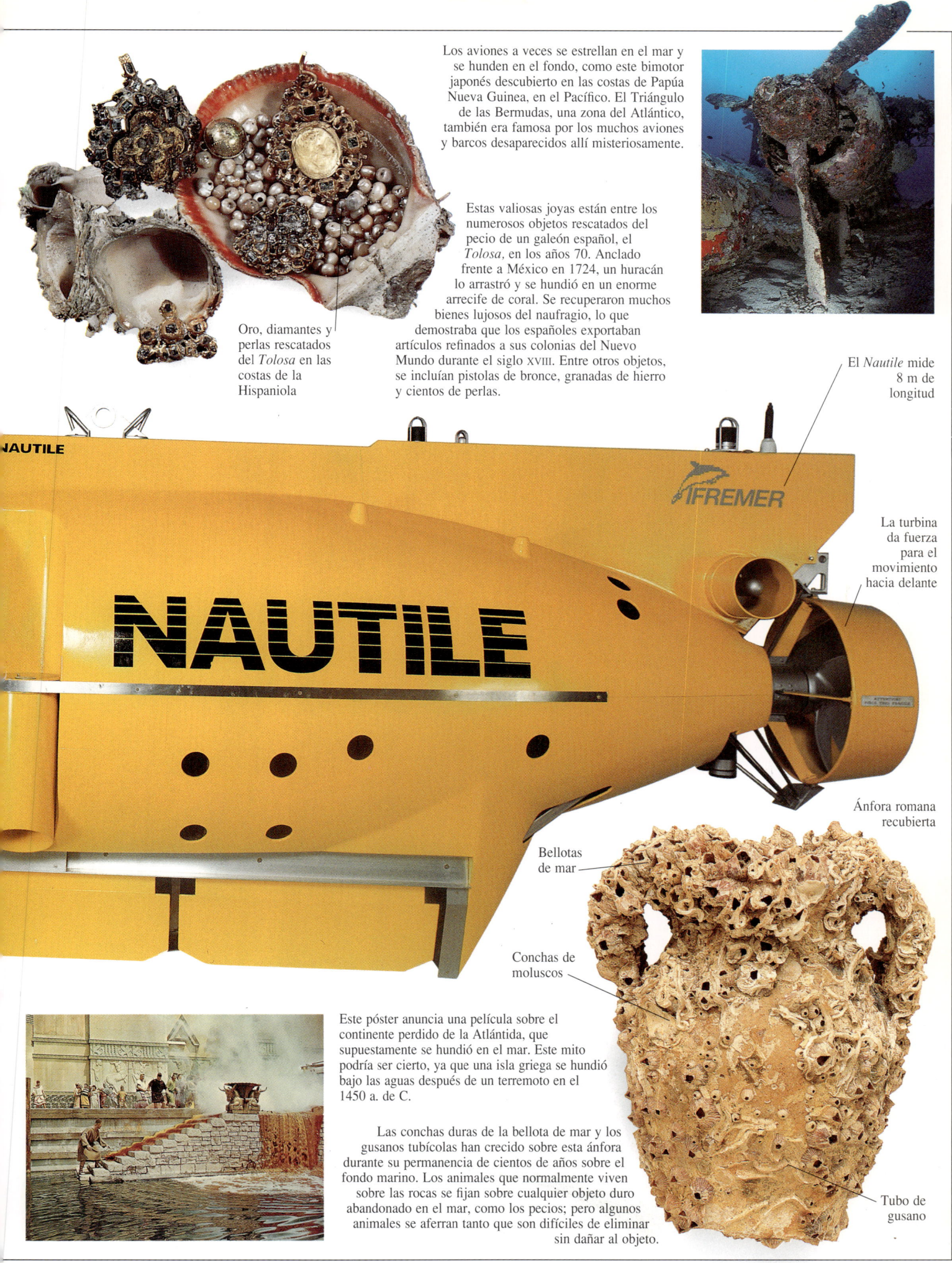

Los aviones a veces se estrellan en el mar y se hunden en el fondo, como este bimotor japonés descubierto en las costas de Papúa Nueva Guinea, en el Pacífico. El Triángulo de las Bermudas, una zona del Atlántico, también era famosa por los muchos aviones y barcos desaparecidos allí misteriosamente.

Estas valiosas joyas están entre los numerosos objetos rescatados del pecio de un galeón español, el *Tolosa*, en los años 70. Anclado frente a México en 1724, un huracán lo arrastró y se hundió en un enorme arrecife de coral. Se recuperaron muchos bienes lujosos del naufragio, lo que demostraba que los españoles exportaban artículos refinados a sus colonias del Nuevo Mundo durante el siglo XVIII. Entre otros objetos, se incluían pistolas de bronce, granadas de hierro y cientos de perlas.

Oro, diamantes y perlas rescatados del *Tolosa* en las costas de la Hispaniola

El *Nautile* mide 8 m de longitud

La turbina da fuerza para el movimiento hacia delante

Ánfora romana recubierta

Bellotas de mar

Conchas de moluscos

Este póster anuncia una película sobre el continente perdido de la Atlántida, que supuestamente se hundió en el mar. Este mito podría ser cierto, ya que una isla griega se hundió bajo las aguas después de un terremoto en el 1450 a. de C.

Las conchas duras de la bellota de mar y los gusanos tubícolas han crecido sobre esta ánfora durante su permanencia de cientos de años sobre el fondo marino. Los animales que normalmente viven sobre las rocas se fijan sobre cualquier objeto duro abandonado en el mar, como los pecios; pero algunos animales se aferran tanto que son difíciles de eliminar sin dañar al objeto.

Tubo de gusano

Cosechar peces

LOS PECES SON EL ALIMENTO MARINO más popular, del que se capturan cada año en el mundo unos 70 millones de toneladas. Algunos peces se capturan con redes arrojadas a mano y trampas en aguas locales, pero muchos más se capturan en alta mar con barcos pesqueros modernos dotados de la tecnología más avanzada. Algunos peces se pescan con cañas largas que tienen varios anzuelos, o quedan atrapados cuando nadan contra largas paredes de redes a la deriva. Los peces del fondo son arrastrados, o bancos completos se recogen, en redes enormes colocadas a profundidad media. Con el uso del sónar para detectar bancos de peces, hay pocos lugares en que el pez pueda pasar inadvertido. Incluso los peces abisales, que viven a 1.000 m de profundidad, son capturados en gran número. Muchas personas están preocupadas de que se estén capturando demasiados ejemplares porque tarda mucho en recuperarse tal cantidad. La competencia por las reservas de peces es encarnizada y es difícil para los pescadores vivir de su oficio. Pero algunos peces, como el salmón, pueden criarse para satisfacer las demandas.

1 El salmón empieza su vida en los ríos y arroyos donde eclosiona de los huevos puestos en un hueco somero entre la grava. Al principio, los alevines crecen a expensas del contenido nutritivo del saco vitelino del huevo unido a su abdomen.

2 Al cabo de unas pocas semanas, el saco vitelino desaparece; por eso el salmón joven tiene que alimentarse de pequeños insectos de río. Pronto aparecen manchas oscuras en la piel del salmón. Éste permanece en el río durante un año o más antes de volverse de color plateado y dirigirse al mar.

Las espinas de las aletas están bien desarrolladas

Primera aleta dorsal de gran tamaño

3 El salmón atlántico pasa hasta cuatro años en el mar alimentándose de otros peces. Crece con rapidez, engordando varios kilos por año. Después el salmón maduro regresa a sus ríos y arroyos de origen, donde desova. Reconocen su arroyo de origen gracias a varias pistas que incluyen el «olor» (combinaciones determinadas de cantidades minúsculas de sustancias en el agua).

Aleta pélvica

Aleta pectoral

Opérculo que cubre las agallas

Boca para alimentarse y tomar agua para «respirar»

El salmón está entre los pocos tipos de peces marinos que pueden criarse con éxito. Los salmones jóvenes se cuidan en agua dulce. Cuando alcanzan el tamaño adecuado se liberan en estanques flotantes en el mar, que se colocan en aguas relativamente tranquilas, como lagunas marinas, para que el pez no sea arrastrado fuera. Para que crezcan con rapidez, los salmones son alimentados con bolas de pescado seco. Lo mismo que cualquier animal de granja, hay que tener cuidado para que el salmón no contraiga enfermedades.

Productos del océano

LOS SERES HUMANOS HAN RECOLECTADO siempre plantas y animales del océano. Muchos animales diferentes se pescan como alimento, desde los peces a los crustáceos (gambas, langostas) y moluscos (almejas, calamares) hasta alimentos más extraños como las holoturias, percebes y medusas. Las algas se comen también como tales o como un ingrediente de helados y otros alimentos elaborados. Los productos obtenidos a partir de los seres marinos son asombrosos, aunque muchos de ellos (tales como los núcleos de las ostras madreperla y las esponjas) se han sustituido en la actualidad por materiales sintéticos. Todavía el atractivo de los productos naturales del océano es tan grande, que algunos animales marinos y ciertos tipos de algas se cultivan. Entre los animales marinos que se crían están las almejas gigantes (por sus bonitas conchas), los mejillones (como alimento) y las ostras madreperla. El cultivo es una forma de satisfacer la demanda de los productos y evitar la recogida abusiva de los seres marinos.

Madeja teñida de púrpura con pigmentos de caracoles marinos

Se han usado caracoles marinos para fabricar el tinte púrpura para las ropas de los reyes de la antigüedad. La fabricación del tinte era un proceso maloliente ya que enormes cantidades de caracoles salados se dejaban en cestas izadas fuera de las rocas. El líquido púrpura se recogía y calentaba para concentrar el tinte. Los caracoles marinos (procedentes de Florida y el Caribe) se utilizan ahora para obtener el tinte púrpura.

Erizo de mar pizarrín de los arrecifes coralinos tropicales en el Indopacífico

Espinas cortas y romas alrededor de la boca

Espinas largas y muy fuertes para proteger al erizo de los depredadores

Las espinas de este erizo se usaron como lápices para escribir en las pizarras. Estos erizos todavía se recogen para usar sus espinas en colgantes. Colgadas de hilos, las espinas chocan entre sí cuando el viento sopla sobre ellas. Los erizos usan sus espinas para caminar por el lecho marino cuando salen por la noche de las grietas para alimentarse.

Cinco dientes blancos y fuertes sobresalen de la boca del erizo (visto desde abajo)

El erizo usa las espinas para moverse y para anclarse

Esqueleto blando que queda después de procesar a la esponja viva

Las esponjas de baño, cosechadas en el fondo marino arenoso, viven entre las hierbas marinas en las lagunas de los arrecifes. Cuando se las saca del fondo están cubiertas de tejidos vivos viscosos. Se recogen principalmente del Mediterráneo, Caribe y Pacífico, y son propensas a las enfermedades y a las cosechas abusivas.

En Japón las algas se usan para hacer galletas y para envolver trozos de pescado crudo. Las algas rojas se cultivan en el mar sobre cañas de bambú, se recolectan y secan. *Porphyra,* un tipo similar de alga roja, se come en Gales (Gran Bretaña). El agar (una sustancia gelatinosa), elaborado a partir de algas rojas, se usa en alimentación e investigación médica. Las algas se usan también como abono.

Las perlas son el resultado de irritaciones producidas en los mejillones y ostras que las fabrican. Las perlas naturales se forman alrededor de una impureza que se introduce entre la valva de una ostra y su manto. Los tejidos del manto rodean la impureza produciendo capas de madreperla. Las perlas se cultivan introduciendo partículas dentro de un bivalvo, junto con algo del manto de otro bivalvo. Muchos tipos de bivalvos producen perlas, pero sólo aquellos con capas brillantes en la parte interior de la concha fabrican perlas brillantes.

Collar de dos vueltas de perlas azules

La concha puede cerrarse para protegerse de los predadores

Cuando el agua del mar se evapora queda una costra de sales cristalizadas. Se producen grandes cantidades de sal marina inundando pozas poco profundas con agua de mar y dejando que ésta se evapore bajo el sol cálido. La sal marina se produce en zonas con clima templado y poca lluvia. Está formada en su mayor parte por cloruro sódico, pero también hay sulfato, magnesio, calcio y potasio.

Los guantes pueden fabricarse de los hilos del biso de la concha pluma

La concha pluma llega a los 60 cm de longitud

La concha cónica es quebradiza

Cruz de plata con incrustaciones de concha de oreja de mar

Orificios para expulsar el agua y los desechos

Filamentos de biso fabricados por la concha para fijarse al lecho marino

La concha pluma produce una mata espesa de biso para anclarse al fondo blando del Mediterráneo. Ese biso se recogía en el pasado, se hilaba en hilos finos y dorados, y se tejía. Algunos dicen que ese tejido podría haber sido el origen de la leyenda del vellocino de oro de la mitología de la Antigua Grecia, según la cual el vellocino procedía de un carnero.

El interior de la concha de la oreja nacarada de mar tiene todos los colores del arco iris. La madreperla de concha se usa para hacer joyas y botones. Estas conchas son populares entre los maoríes de Nueva Zelanda. Las orejas de mar también se comen. Debido a su pie musculoso, que se adhiere al fondo marino, las conchas tienen que ser arrancadas con fuerza.

Prospecciones de petróleo y gas

RESERVAS VALIOSAS DE PETRÓLEO Y GAS permanecen ocultas en las rocas de los fondos marinos. El petróleo y el gas se obtienen perforando las rocas, pero los geólogos tienen que saber de antemano dónde perforar. Sólo ciertos tipos de rocas contienen petróleo y gas, pero tienen que estar en aguas someras para poder realizarse la perforación. Los geólogos descubren los yacimientos enviando ondas de choque a través del fondo marino y analizando las señales de regreso para distinguir las capas de rocas. Se instalan equipos provisionales para localizar una bolsa y ver si el petróleo tiene una cantidad y calidad apreciables. Para extraer el petróleo o el gas, esa instalación se sustituye por una plataforma petrolífera más permanente firmemente anclada al fondo marino. El petróleo se transfiere desde tanques de almacenaje independientes a tanques más grandes o es enviado por tuberías a tierra firme. Cuando los yacimientos se agotan, hay que buscar nuevas fuentes porque hay una gran demanda de energía, pero las reservas de petróleo y gas terrestres son limitadas. Los principales yacimientos marinos están en el mar del Norte, Golfo de México, Golfo Pérsico y a lo largo de las costas de América del Sur y Asia.

El petróleo y el gas son muy inflamables. A pesar de las precauciones, ocurren accidentes como el desastre de Piper Alpha en el mar del Norte, en 1988, cuando murieron 167 personas. Desde entonces las medidas de seguridad se han mejorado.

Los helicópteros llevan los suministros a las plataformas petrolíferas mar adentro. Pueden vivir y trabajar hasta 400 personas en una plataforma petrolífera, pero un helicóptero vuela a la costa cada pocas semanas.

Una de las plataformas más pequeñas del mar del Norte tiene pilares de cemento. Las plataformas se construyen por partes en tierra firme. La parte más grande se remolca al mar y se coloca derecha sobre el fondo marino, después se añaden las zonas de alojamientos. Una torre de acero contiene el equipo de perforación: varias tuberías con una punta de perforación fuerte para atravesar las rocas. Un lodo especial baja por las tuberías para enfriar la punta perforadora, lavar los trozos de roca y evitar que el petróleo salga a borbotones. Las plataformas extraen petróleo o gas, pero las instalaciones temporales perforan pozos durante la prospección.

La estructura más alta en esta plataforma, por razones de seguridad, es una torre de ignición

Torre de ignición para quemar cualquier gas inútil que salga con el petróleo

Una grúa *derrick* (torre de acero) contiene el equipo de perforación

Bote salvavidas antiinflamable que aumenta las posibilidades de supervivencia

Grúa que eleva los suministros desde el barco a la plataforma

Barandilla para proteger al personal

El helicóptero trae comida y leche fresca a la plataforma

Helipuerto

Zona de alojamientos

Los restos de las plantas y bacterias de los mares antiguos se depositaban en el suelo marino y eran cubiertos por capas de lodo. El calor y la presión los convertían en petróleo, más tarde gas, que ascendía a través de las rocas porosas hasta quedar atrapado entre rocas impermeables.

La roca impermeable evita que el petróleo la atraviese

El petróleo es retenido en la roca porosa de reserva

La roca porosa puede ser atravesada por el petróleo

Formación de los combustibles fósiles

En una plataforma petrolífera algunos trabajan sobre cubierta haciendo funcionar el taladro, mientras que otros trabajan en el interior con los ordenadores. Los geólogos examinan muestras de roca, petróleo y gas. Los mecánicos mantienen la maquinaria en funcionamiento. Hay también cocineros y personal de limpieza para atender a la tripulación.

Los buceadores (excepto con trajes acorazados) que realizan reparaciones bajo el agua, trabajan más tiempo si regresan a una cámara presurizada, y luego vuelven al mar, sin tener que hacer una descompresión después de cada inmersión.

Estructura resistente para soportar los embates del viento y las olas

El oxígeno se lleva en botellas sobre la espalda

Los trajes de paredes gruesas como el de la foto de arriba resisten la presión. Bajo el agua, el buzo puede respirar aire a una presión normal, como si estuviese en un sumergible. Esto significa que el buzo puede bajar a más profundidad sin tener que sufrir la descompresión. Esos trajes se usan en prospecciones petrolíferas a profundidades de 365 m. Las articulaciones en los brazos y piernas permiten al buzo moverse.

Océanos en peligro

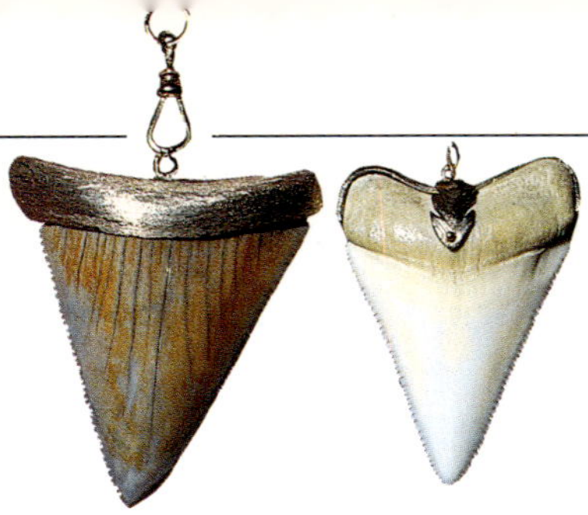

Joyas hechas de dientes del gran tiburón blanco, ahora protegido en algunas zonas

LOS OCÉANOS Y LA VIDA QUE ALBERGAN están amenazados. Los residuos urbanos e industriales se arrojan a los océanos y se vierten, mediante tuberías, sustancias determinadas que pueden crear un peligro creciente a la cadena alimentaria. Las fugas de petróleo dañan y envenenan a los seres marinos. Con los desperdicios arrojados al mar puede atragantarse una tortuga o quedar atrapada un ave marina. Muchas aves y mamíferos marinos se ahogan cuando quedan capturados en redes abandonadas. Una pesca abusiva ha diezmado muchos animales oceánicos, desde las ballenas a los peces. Incluso el comercio de recuerdos turísticos amenaza a los arrecifes de coral. Sin embargo, la situación está mejorando. En la actualidad las leyes ayudan a detener la contaminación marina, las normativas protegen la vida de los mares y en los parques submarinos puede verse ésta sin perturbarla.

Tallado para mostrar el nácar

Cardium

Hay muchos coleccionistas de conchas marinas por su belleza, pero la mayoría de las conchas que se venden en las tiendas se han recogido como animales vivos; por ello, si se recogen demasiadas en un solo sitio, como en un arrecife de coral, la composición de seres vivos queda alterada. Las conchas sólo deberían ser compradas si la recolección ha sido adecuada. Es mejor ir a la playa para recoger las conchas de animales ya muertos. Siempre debe comprobarse, incluso antes de recoger conchas vacías, que puede hacerse, porque en algunas reservas naturales eso no se permite.

El petróleo es necesario para la industria y los coches. Se transportan enormes cantidades por mar en petroleros, por oleoductos y se extrae del fondo marino. Los accidentes suceden cuando grandes cantidades de petróleo se derraman. Las aves y los mamíferos marinos mueren de frío porque sus plumas o sus pieles ya no contienen bolsas de aire para mantenerlos calientes. Al tratar de limpiarse, tragan el petróleo y mueren por un bloqueo de las vías respiratorias. Algunos son rescatados, limpiados y liberados de nuevo a su medio.

Nadie puede evitar admirar esta concha de nautilo pompilo bellamente trabajada del siglo XVII. Hay seis clases de nautilo que viven actualmente en el Pacífico y el Índico, donde corren riesgo por la recolección excesiva. Se capturan fácilmente por la noche cuando suben a la superficie. Las conchas vacías se encuentran porque pueden flotar también sobre las aguas. Los nautilos pompilo crecen con bastante lentitud y tardan en alcanzar la madurez seis o más años; por eso, si se recogen muchos ejemplares, las poblaciones pueden tardar mucho tiempo en recuperarse.

Durante siglos, se han cazado ballenas por su carne, su aceite y sus huesos. El aceite de ballena se usaba en alimentación, como engrasante, y para fabricar jabón y velas, y las ballenas de su boca se convertían en utensilios domésticos como cepillos. La carnicería llevada a cabo por los balleneros comerciales redujo drásticamente el número de ballenas. Ahora la mayor parte de las ballenas está protegida, pero los científicos dudan de si algunas poblaciones podrán recuperar su tamaño algún día. Algunos tipos de ballenas se cazan aún por su carne, principalmente por algunos pueblos costeros.

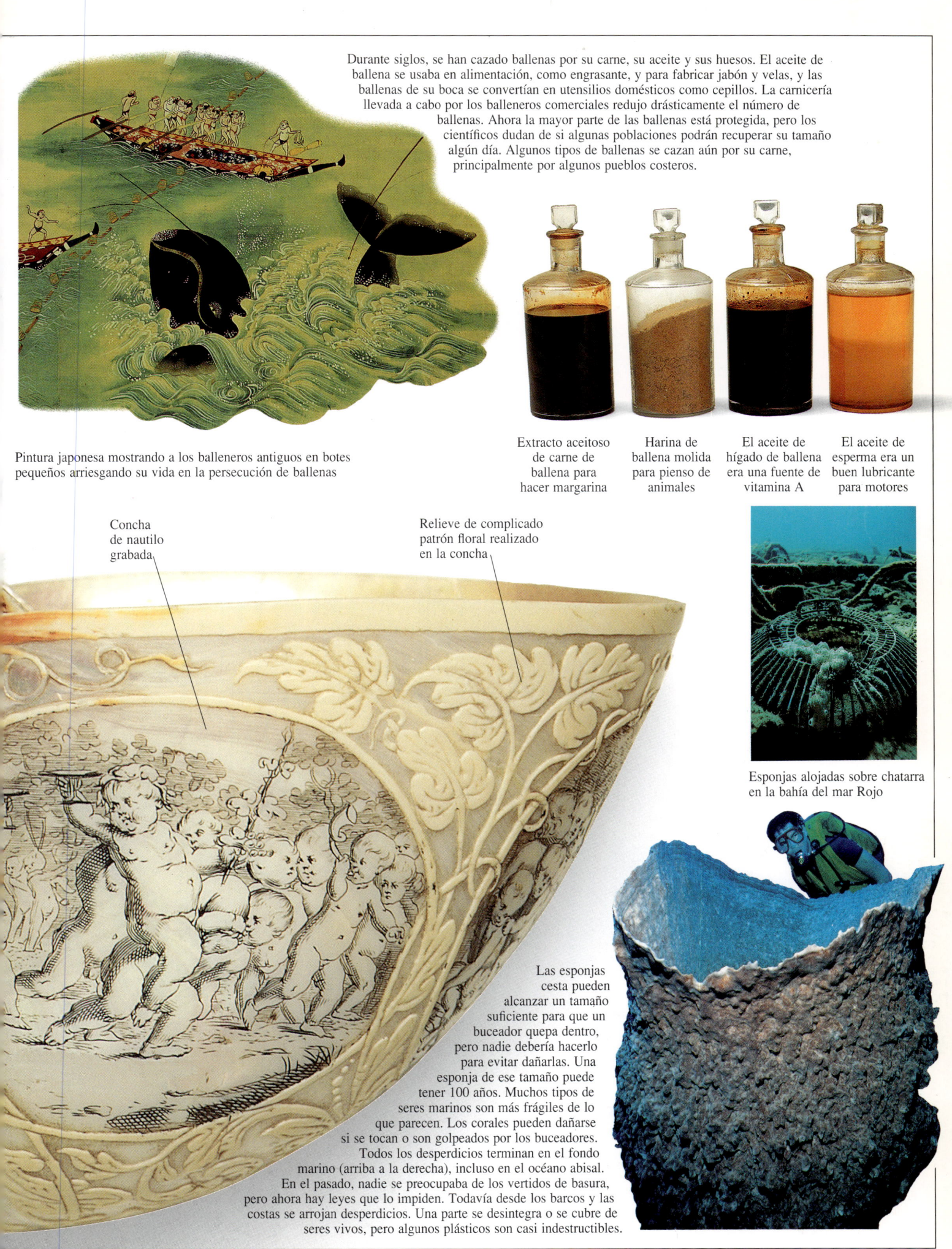

Pintura japonesa mostrando a los balleneros antiguos en botes pequeños arriesgando su vida en la persecución de ballenas

Extracto aceitoso de carne de ballena para hacer margarina

Harina de ballena molida para pienso de animales

El aceite de hígado de ballena era una fuente de vitamina A

El aceite de esperma era un buen lubricante para motores

Concha de nautilo grabada

Relieve de complicado patrón floral realizado en la concha

Esponjas alojadas sobre chatarra en la bahía del mar Rojo

Las esponjas cesta pueden alcanzar un tamaño suficiente para que un buceador quepa dentro, pero nadie debería hacerlo para evitar dañarlas. Una esponja de ese tamaño puede tener 100 años. Muchos tipos de seres marinos son más frágiles de lo que parecen. Los corales pueden dañarse si se tocan o son golpeados por los buceadores. Todos los desperdicios terminan en el fondo marino (arriba a la derecha), incluso en el océano abisal. En el pasado, nadie se preocupaba de los vertidos de basura, pero ahora hay leyes que lo impiden. Todavía desde los barcos y las costas se arrojan desperdicios. Una parte se desintegra o se cubre de seres vivos, pero algunos plásticos son casi indestructibles.

Índice

A

abanico de mar, 22-23, 28
abanico de mar naranja, 22
aguas costeras, 14-15, 18
águila marina, 16-17
algas, 10, 11, 20-21, 22, 24, 33
almeja, 16-17, 24-25, 30, 32, 34, 46-47, 58-59
Alvin, 47, 54
anémonas, 10, 20, 22, 24, 28-29, 31, 44
anémonas dalia, 29
anguila, 38, 42
anguila pelícano, 10, 42
araña marina, 10, 44
arenque, 26
Argonaut Junior, 51
arqueología submarina, 54-55
arrecife Gran Barrera, 23, 25
artrópodo, 10
Asteronyx loveni, 45
Atlántida, el continente perdido de, 55
Atlantis II, 47
Atolla, 43
atolón, 23
ave marina, 28-29, 38, 40, 62

B

babosa de mar, 20, 24-25
babosa lechuga, 24-25
bacalao, 26, 57
bacterias, 46-47, 60
ballena, 10, 26-28, 36-38, 40, 51, 62-63
ballena, aceite, 59
ballena, esperma de, 10, 36, 40, 51
ballena jibarte, 28, 38
barracuda, 28
batiscafo, 53
bivalvo, 34-35
blenio mariposa, 18
Botticelli, Sandro, 16
boya de control, 13
Branchiocerianthus imperator, 11
briozoario, 20, 23, 29
brisa marina, 12
buceo, campana de, 48
buceo, traje acorazado, 61
buceo, traje de, 49, 61
buceo con *snorkel*, 50, 53
buzo, 48-49, 53, 61

C

caballa, 10, 27
caballito de mar, 17
cable submarino, 44, 52
cadena alimentaria, 26-29
calamar, 10, 32, 34, 40, 58
cangrejo, 16-18, 20-21, 26-27, 30-31
cangrejo araña, 21
cangrejo enmascarado, 17
cangrejo ermitaño, 30-31
cangrejo guisante, 21
caracol marino, 30, 47, 58-59
Cardium, 62
cefalópodo, 32, 37
Challenger, HMS, 11, 45, 52
Chelonia mydas, 39
chimenea submarina, 46-47
clima, 12-13, 26
concha, 30-33, 58-59, 62-63
concha pluma, 59
concha porteadora, 31
contaminación, 24, 62
copépodo, 27
coral, 7, 10, 20, 22-25, 53-54, 62-63
coral, arrecife de, 22-25, 29, 53-54, 62
coral, pólipo de, 22-23
coral cerebroide, 10, 23
coral gorgónido, 23, 25
coral negro, 22
coral organiforme, 23
coral rosa, 23
corriente, 12, 38
corriente del Golfo, 12
crinoideo, 7
crustáceo, 18, 30, 38, 58

D-E

Darwin, Charles, 23
dátil de mar, 25
Deep Star, 53
defensa, 30-33
delfín, 26-27, 36-37
delfín hocico de botella, 37
descompresión, 48, 61
descompresión, mal de, 48
deriva continental, 7
diatomea, 26
dinoflagelado, 26
dorsal atlántica, 9, 46-47
dragón marino, 8
Dreadnought, HMS, 51
dugongo, 16, 28
equinodermo, 10, 19, 25
erizo de mar, 11, 18-19, 29, 58
erizo de mar pizarrín, 58
esponja, 10, 44-45, 48, 54, 58, 63
esponja cesto, 63
esponja regadera de Filipinas, 10, 45
esponja vítrea, 44
estrella de mar, 10, 18-19, 25
estrella de mar corona de espinas, 25
estrella de mar Enrique el Sangriento, 10
estrella de mar plumosa, 7, 19
estrella de mar sol, 10
estrella sol púrpura, 19
Euplectellua spergillium, 45

F-G

fitoplancton, 26
foca, 36, 38
foca de bahía, 36
foca de Weddell, 36
foladides, 18
fosa de las Marianas, 8-9, 47, 53
fosas, 8-10, 47, 53
fósil, 6-7
fósil, combustible, 60-61
fragata portuguesa, 10, 38
fuerza de Coriolis, 12
gambas, 27, 47, 58
Gigantura, 42
GLORIA, 52-53
Golfo Pérsico, 60
gusano, 10, 31, 55
gusano cacahuete, 14
gusano pergamino, 15
gusano *Sabella*, 14-15

H-I-K-L

Halley, Edmund, 48
herbáceas marinas, 10, 16, 28
hidrocoral, 22
hidroideo, 11, 20-21
hidroideo gigante, 11
hielo, 11
hielo en lámina, 11
hielo rápido, 11
holoturia, 10, 19, 25, 44, 58
hombres rana, 48, 50, 52-53
huracán, 12
iceberg, 11, 54
Kraken, 34
laguna, formación de una, 23
langosta, 18-19, 27, 58
langosta espinosa, 18
lenguado, 14
Leptocephalus, 38
lima, 32-33
lirio de mar, 7, 19, 44-45
líneas laterales, 42
llanura abisal, 9-10, 44-45
llanura abisal Demerara, 8
llanura abisal Hatteras, 9
llanura abisal Nares, 8
lompa, 20

M

madreperla, 58-59
maërl, 32
manta, 36
mar, 8-9
mar Arábigo, 8
mar Báltico, 8
mar Caribe, 8-9
mar de Bering, 8
mar de Coral, 8
mar de los Sargazos, 8, 30, 38
mar de Tasmania, 8
mar de Tetis, 7
mar del Norte, 60
mar Mediterráneo, 8, 55
mar Muerto, 9
mar Rojo, 8, 25, 50, 53, 63
mareas, 10
marino, lecho, 16-17, 44-45, 54-55
medusa, 20, 22, 28, 32-33, 41, 43, 58, 62
medusa cristalina, 41
mejillón, 20-21, 33, 58-59
Melanocetus, 43
Meseta de Guyana, 8
Mir, 47, 54
mitílido, 21, 33
molusco, 10, 34, 58
monstruo marino, 19, 33-34, 42
Mya arenaria, 17

N-O

naufragio, 54-55
Nautile, 47, 54-55
nautilo, 36-37, 62-63
Neptuno, 9
Nimbus 7, 26
nutria marina, 11, 20, 62
océano Antártico, 8
océano Ártico, 8
océano Atlántico, 7-9, 13-14, 26, 30
océano Índico, 7-8, 24
océano Pacífico, 8, 11-12, 20, 24, 26
ofiura, 6, 10, 45
ola, 12-13, 45
olas de marea, 45
Opisthoproctus, 41
orca, 27
oreja de mar, 59
órganos fosforescentes, 40-42
ostra, 58-59

P-R

Palaeocoma, 6
Pangea, 7
Pantalasa, 7
patata de mar, 17
pecio, restos de naufragios, 54-55
pejesapo, 10, 28, 43
percebe, 27, 38, 55, 58
percebe de cuello de ganso, 38
perciformes de rayas azules, 36
perla, 59
perro del norte, 28
pesca, 56-58, 62
pesca de arrastre, 57
petróleo y gas, 60-62
pez abisal, 42-43
pez ángel emperador, 25
pez araña, 14
pez cinta, 16
pez cola de rata, 10
pez globo, 57
pez hacha, 10, 40-41
pez lanceta, 40-41
pez león, 32
pez linterna, 40, 43
pez nariz de látigo, 42
pez payaso, 24
pez piedra, 32
pez sargazo, 30
pez trípode, 10
pez víbora, 40
pez volador, 10, 36
Piccard, Jacques, 53
picnogónido, 44
placa de la corteza, 9, 46
placa del Caribe, 9
placa norteamericana, 9
plancton, 12, 22-23, 26-27
plataforma continental, 8-10, 14, 57
plesiosaurio, 7
pluma de mar, 10, 16, 23, 45
Porphyria, 58
predador, 14, 26-27, 30-33, 57
propulsión a chorro, 34-35
prospecciones submarinas, 48, 52-53, 54
pulpo, 10, 32, 34-35, 58
pulpo de anillos azules, 32
ratón de mar, 14
raya, 16-17, 27, 33, 36-37
raya de manchas azules, 33
remolinos de agua, 12
reptil, 7
roca, 18-20, 46, 60
rorcual azul, 26, 36

S

sal, 8-9, 11, 59
salinas, 59
salmón, 38, 56-57
salmón, granjas de, 56
salmón rojo, 57
Scotoplanes, 44
sedimentos, 9, 54
sepia, 30, 32, 34
serpiente marina, 7
Shinkai 2000, 11
Siebe, Augustus, 49
sifonóforo, 38, 51
sónar, localización, 27, 50, 52, 56
Sternoptyx, 41
submarino, 50-51
sumergible, 46-47, 50-55
surtidores de Galápagos, 47
surtidores submarinos, 46-47

T-U-V

talud continental, 8-10
temperatura, 8, 10, 13
terremoto, 45
tesoro, 54-55
tiburón, 10-11, 27-29, 53, 62
tiburón azul, 28
tiburón ballena, 26
tiburón blanco, 62
tiburón de Groenlandia, 10
tiburón gato, 10-11
tiburón martillo, 53
tiburón peregrino, 29
tiburón tigre, 29
tiempo atmosférico, 12-13
tifón, 12
Titanic, 54
Tolosa, 55
tortuga, 7, 10, 32, 38-39, 62
tortuga verde, 39
Triángulo de las Bermudas, 55
trilobite, 7
tsunami, 45
tubo de gusano, 47
Turtle, 50
Urashima Taro, 39
vegetal, 10, 16, 26
venera, 23, 34-35
viento, 12-13
vientos alisios, 12
volcanes, 9, 23, 45-46

W-Z

Wiwaxia, 6
zona de fractura, 9
zona de penumbra, 10, 40-41
zona iluminada, 10
zona oscura, 10, 42-43
zooplancton, 26-27

Agradecimientos

Por su ayuda inestimable en la selección fotográfica: The University Marine Biological Station, Escocia, en especial al Prof. John Davenport, David Murden, Bobbie Wilkie, Donald Patrick, Phil Lonsdale, Ken Cameron, Dr. Jason Hall-Spencer, Simon Thurston, Steve Parker, Geordie Campbell y Helen Thirlwall. Sea Life Centres (Gran Bretaña), en particular a Robin James, David Copp, Patrick van der Merwe e Ian Shaw (Weymouth), y Marcus Goodsir (Portsmouth). Colin Pelton, Peter Hunter, Dr. Brian Bett y Mike Conquer del Institute of Oceanographic Sciences. Tim Parmenter, Simon Caslaw y Paul Ruddock del Natural History Museum, Londres.
Margaret Bidmead del Royal Navy Submarine Museum, Gosport.
IFREMER por su amabilidad al dejar fotografiar el modelo del *Nautile*.
David Fowler de Deep Sea Adventure.
Mark Graham, Andrew y Richard Pierson de Otterferry Salmon Ltd.

Bob Donaldson de Angus Modelmakers.
Sally Rose por la investigación adicional.
Kathy Lockley por el suministro de objetos.
Helena Spiteri, Djinn von Noorden, Susan St. Louis, Ivan Finnegan, Joe Hoyle, Mark Haygarth y David Pickering por su ayuda en la edición y el diseño.

Fotografías adicionales: Ray Möller, Stee Gorton

Construcción de modelos: Peter Griffiths y David Donkin

Diseño artístico: John Woodcock y Simone End

Índice: Hilary Bird

Iconografía:

(s=superior; i=inferior; c=centro; iz=izquierda; d=derecha; es=extremo superior.)

American Museum of Natural History 11aiz (n.º 419(2)).
Heather Angel 38ic
Ardea/Val Taylor 62aiz.
Tracey Bowden/Pedro Borrell 55ac.
Bridgeman Art Library/Padro, Madrid 9ad; Uffizi Gallery, Florencia: 16ad.
British Museum 54ad
Cable & Wireless Archive 44ad.
Bruce Coleman Ltd/Carl Roessler 22c; Frieder Sauer 26ad; Charles & Sandra Hood 27ac; Jeff Foott 28ad, 56ad; Jane Burton 38iiz; Michael Roggo 57aiz; Orion Service & Trading Co. 58id; Atlantide SDF 59ad; Nancy Sefton 63id. Steven J. Cooling 61ad.
Mary Evans Picture Library 11ad, 12ad, 19aiz, 20aiz, 28aiz, 33ad, 34ad, 40ciz, 45ad, 48ad, 49aiz, 50iiz, 52ad, 54c, 60aiz.
Ronald Grant Archive 42ciz, 55iiz.
Robert Harding Picture Library 25aiz, 32ad, 32ic, 39id, 57ad, 63aiz.
Institute of Oceanographic Sciences 46izc.
c Japanese Meteorogical Agency/Meteorological Office 12iz;
Frank Lane Photo Agency/M. Newman 11id.
Simon Conway Morris 6ad.

N.H.P.A./Agence Natur 44c.
Oxford Scientific Films/Toi de Roy 29ad; Fred Bavendam 43aiz.
Planet Earth Pictures/Peter Scoones 9aiz; Norbert Wu 10-11c, 20ciz, 40ad, 40aiz, 41aiz, 42ad; Gary Bell 23id, 55ad; Mark Conlin 25c, 36id; Menuhin 29ac; Ken Lucas 30aiz; Neville Coleman 33cd; Steve Bloom 37c; Andrew Mounter 38id; Larry Madin 43id; Ken Vaughan 51cd; Georgette Doowma 63cd.
Science Photo Library/Dr. G. Feldman 26iiz; Ron Church 53cd; Simon Fraser 62iiz.
Frank Spooner Pictures 47ad, 47cd, 54id, 54iiz, 60ad, 60cd.
Tony Stone Images, Jeff Rotman 53izc.
Stolt Comex Seaway Ltd 61iz.
Town Docks Museum, Hull 63ad.
ZEFA 36ciz, 56ca.

No se han escatimado esfuerzos para localizar a los titulares de los derechos de fotografía. Nos disculpamos por las omisiones involuntarias y las incluiremos en ediciones sucesivas.